超简单 木工家具100例

【日】学研出版社　编著

韩慧英　陈新平　译

化学工业出版社

·北京·

目录

开始吧！制作独一无二的家具

本书中，有木工专家精心挑选的木制实物100例，有开心的木制品、实用的木制品、愉悦的木制品。

各种作品之中，首先选择一件同你的感官及需求相适合的作品，尝试制作吧！

动手制作时内心的小小感动，必将延续至今后的每次制作过程。

带着自己动手制作的自豪感，创作你独一无二的家具吧。

为了让大家开心制作，本书特意针对初学者，所有实例中都准备了实用图纸和取材表。

看着实物图纸，完全按照图纸制作也行，或者改变尺寸及形状，创作自己的个性作品也行。

木工制作的闲暇时光让人期待！

你是否也有这种迫不及待尝试的心情呢？

如果是这样，也就实现了本书的初衷。

本书使用指引

● 本书是为手工及木工的初中级爱好者编写的木工作品实例集。而且，根据个人的水平，鼓励大家对本书的作品进行创意改造。本书在前期的实例选择阶段，主要选择简单的黏合及加工制作的作品。但是，其中仍然包含一部分适合中高级爱好者的作品，这些作品中使用了"暗钉"、"暗榫"等拼接技巧和曲线切割、倾斜切割、开窗、制榫、斜面拼接等加工技巧。关于这些中高级技巧，请参照书附录的"简单木工的基本知识&技巧"。

● 根据编辑部的自行判断，分析并标注出各实例作品的木工制作"难易度"。选择制作时，请参考。★☆☆……简单、★★☆……一般、★★★……适合中级以上。

● "制作步骤"表示木工制作的"大致流程"。所以，"打墨线"、"倒角"、"下孔加工"、"涂胶"、"成品打磨"等基本的细节已被省略。

● "制作步骤"中的"拼接"除了指"用螺钉单纯的拼接"，还包含"凿孔后打钉"及"胶水拼接"。但是，"暗钉"及"暗榫"同"拼接"有所区别。

● "使用材料"绝大多数木工作品常用的基本材料已被省略，比如"螺钉（木螺钉、金属螺钉）"、"钉"、"木工胶（黏合剂）"、"涂料"。

● "图"及"取材表"中尺寸单位均为"mm"。

● 取材表内带"（ ）"的数字对应实物，请参考使用。

难易度
★☆☆

001

同扶手后侧支撑材料一样的高度，固定前侧支撑材料。这也是制作的关键一环。

青蛙椅

使用2×4木方即可轻松完成！

美式庭院中常见的以"青蛙椅"为主题的花园椅，座面和背板带有倾斜角，满足腰部深入的设计。而且，只需使用2×4木方，组装也只是材料间的拼接。但是，扶手和后脚支撑部分需要加工斜边角，加工时应留意。角度可自由调节，但是各部分的角度最好参照本书图示。此外，如果条件允许，可用修边机在扶手前端制作圆形开槽，用于放置茶杯等，增加实用性及装饰性。最后，将扶手端部之前加工的斜边角再打磨一下，使整体更加圆润。

制作步骤

取材
↓
支脚后端的斜面加工
↓
拼接支脚和背板下端的撑木（拼接）
↓
拼接座板和支脚（拼接）
↓
扶手支撑的拼接（拼接）
↓
背板的托木的安装（拼接）
↓
背板的安装（拼接）
↓
扶手的安装（拼接）
↓
背板上端的曲线加工

背板组装完成状态。螺钉从背板后侧打入。之后，使用曲线锯在背板上端制作曲线。

青蛙椅的展开图

* 尺寸单位：mm

背板 D

边角切割的放大图

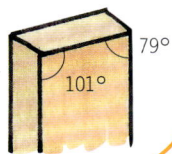

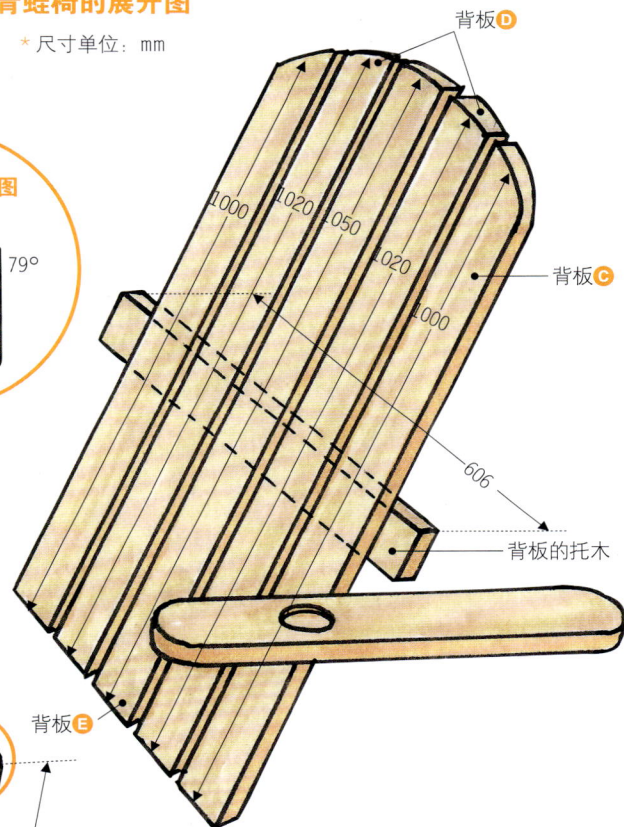

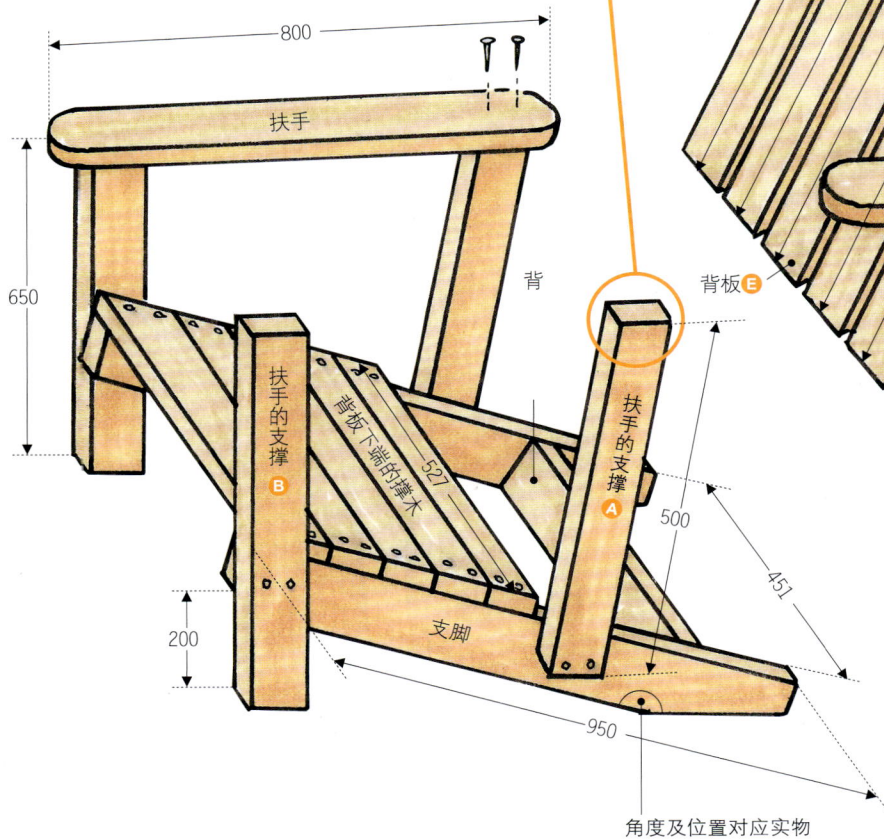

79°

101°

背板 C

1000

1020

1050

1020

1000

606

背板的托木

800

扶手

背

背板 E

650

扶手的支撑 B

背板下端的撑木

527

扶手的支撑 A

500

451

200

支脚

950

角度及位置对应实物

使用的材料

2×4 木方

取材表

* 尺寸单位：mm

材料的种类	尺寸	数量	使用部分
2×4 木方	527	5	座板
2×4 木方	950	2	支脚
2×4 木方	451	1	背板下端的撑木
2×4 木方	500	2	扶手的支撑 A
2×4 木方	650	2	扶手的支撑 B
2×4 木方	606	1	背板的托木
2×4 木方	1000	2	背板 C
2×4 木方	1020	2	背板 D
2×4 木方	1050	1	背板 E
2×4 木方	800	2	扶手

难易度
★★☆

002

SIMPLE WOOD WORKS ★ BEST SELECTION

用篷布制作

放松躺椅

　　用篷布制作的躺椅，具有吊床的舒适感。亮点是用便宜的篷布制作而成的座面。将篷布折叠成座面宽度，用绳子将两端编织固定。接着，篷布的上下短边包住固定于上下两端的木方（2×4木方和1×4木方），支脚固定后就全部完成。此外，支脚的前后、纵支脚、加强板的斜边角切割最好对照实物。

制作◎木村博明

制作步骤

取材 ◀ 支脚的组装（拼接）◀ 座面篷布的折叠及编织 ◀ 木方（横板）夹住固定篷布的两端（螺钉固定）◀ 背板的托木的安装（拼接）◀ 座面固定于左右支脚（拼接）

使用的材料

2×4 木方、1×4 木方、木条
篷布、绳子（PP 运货绳）

取材表　　*尺寸单位：mm

材料的种类	尺寸	数量	使用部分
2×4 六方	1700	2	支脚
2×4 六方	1425	2	横支脚
2×4 六方	800	2	纵支脚
2×4 六方	700	2	座面横板
1×4 六方	690	1	座面横板
1×4 六方	650	1	座面横板
1×4 六方	(710)	2	加强板
木条 (30mm×4mm)	1000	2	加强板

为了增加背面的强度，将木条呈交叉状固定。而且，篷布也被结实的折入固定。

组装完成的一侧支脚，结构清晰。

篷布向内侧折叠，用绳子成交叉状编织。

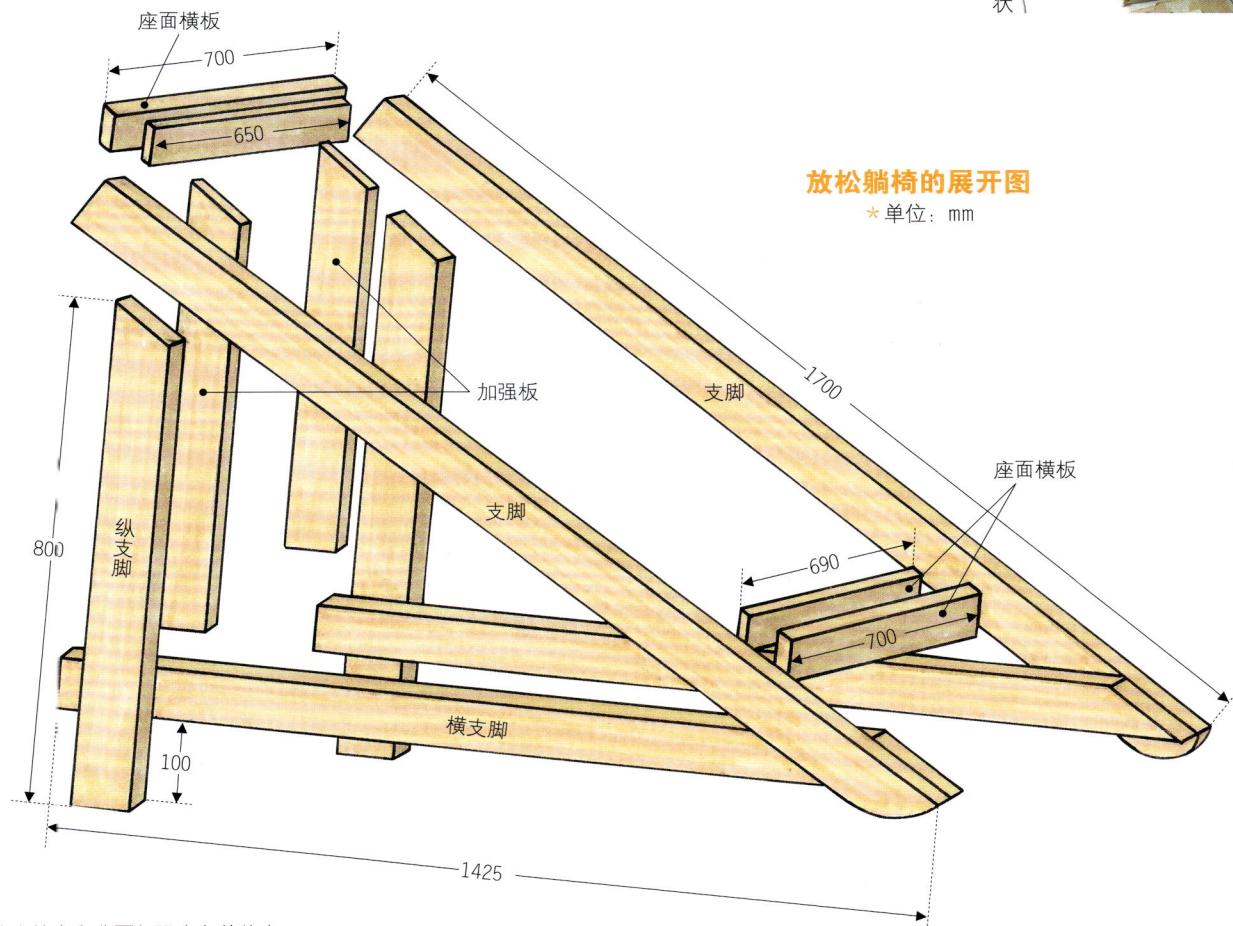

放松躺椅的展开图
*单位：mm

座面横板
700
650

加强板

支脚　1700

支脚

座面横板
690
700

纵支脚
800

横支脚

100

1425

*除去篷布和背面加强木条的状态

009

制作步骤

取材

左右侧面的组装（拼接）

座板的安装（拼接）

背板的组装（拼接）

背板的安装（拼接）

扶手的安装（拼接）

制作轻松，使用轻松
带扶手的花园椅

难易度　★☆☆

003

　　直线切割就能完成各组件的准备，适合初学者。制作简单，但造型及舒适性却非常优越的作品。包含支脚在内的左右侧面组装完成后，再加上座板。接着，组装背板，再按任意角度安装背板。最后，加工并安装扶手，椅子就制作完成了。

　　大部分材料都是按作品的内侧尺寸进行拼接，材料的加工同样简单，不容易发生组装问题。此外，如果使用细螺钉（30mm），会减少材料裂开的风险。

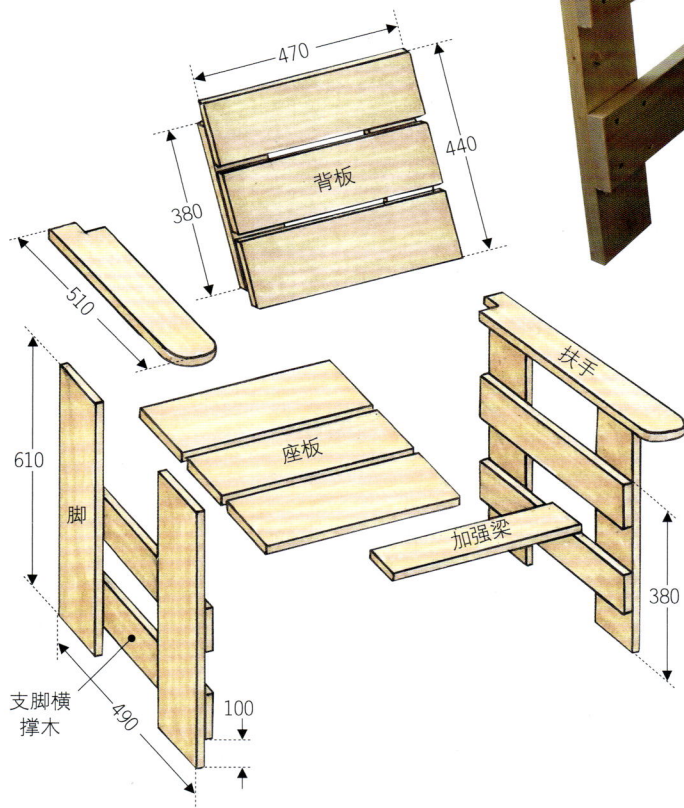

470

440

背板

380

510

610

脚

座板

扶手

加强梁

支脚横撑木

490

100

380

带扶手的花园椅的展开图
*单位：mm

使用的材料
1×6木方、1×4木方

取材表　　　　　*尺寸单位：mm

材料的种类	尺寸	数量	使用部分
1×6木方	470	3	背板
1×6木方	470	3	座板
1×4木方	610	4	支脚
1×4木方	510	2	扶手
1×4木方	490	4	支脚横撑木
1×4木方	470	1	加强梁
1×4木方	380	2	背板加强板

制作◎白井糺

用1×4木方制作箱体，加上支脚，再加上兼用扶手的靠背和车轮，结构非常简单。箱体的侧板及支脚如图所示取材，座面及底板对应实物切割。

即使尺寸稍有差异，或者制作成板条状，或者用1×4木方切割成细条，随机应变即可。

此外，后支脚需要加车轮，必须留出相应高度，也就是前支脚比后支脚稍稍高一些。

椅子和箱子的合体

带收纳空间的花园椅

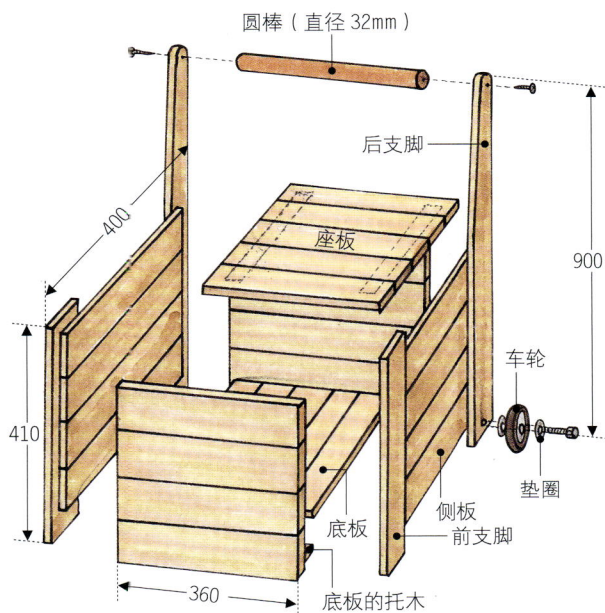

花园椅的展开图

*单位：mm

使用的材料

1×4木方、圆棒（直径32mm）、带轴承的橡胶车轮（直径100mm）、全螺纹螺栓（直径12mm）、带限位的螺钉、垫圈、不锈钢合页

取材表　　　　　　*尺寸单位：mm

材料的种类	尺寸	数量	使用部分
1×4木方	900	2	后支脚
1×4木方	410	2	前支脚
1×4木方	360	16	前后侧板、左右侧板
1×4木方（部分切割细条）	360	10	座板、底板
1×4（切割细条）	360	2	底板的托木
1×4（切割细条）	（400）	2	座板的托木
圆棒	360	1	兼用扶手的靠背

制作步骤

取材
↓
两侧壁面的组装（拼接）
↓
前后壁面的安装（拼接）
↓
靠背的安装（拼接）
↓
底板的托木的安装（拼接）
↓
底板的安装（拼接）
↓
座板的安装（拼接）
↓
车轮的安装

制作步骤

支脚的端部加工带状的沟槽

前后支脚和加强板的拼接（拼接）

支脚和扶手的拼接（拼接）

座板的安装（拼接）

背板限位的安装（拼接）

背板的安装（拼接）

扶手固定于支脚的状态。边角裁切成45°的木方相互拼接。

难易度
★★☆

005

令心情放松的
草坪椅

多余边角材料也能制作的简单结构。支脚和加强板相互拼接，或者榫接。用电动圆锯和凿子将支脚上端开凿出长沟槽，使支脚上端和扶手的拼接更加整齐。

前后支脚的加强板固定于座板时，前支脚的加强板安装高度稍稍高出后加强板，以调高座面前端的高度。背板安装前，先将限位部分安装于座板的后侧。

草坪椅的展开图
*单位：mm

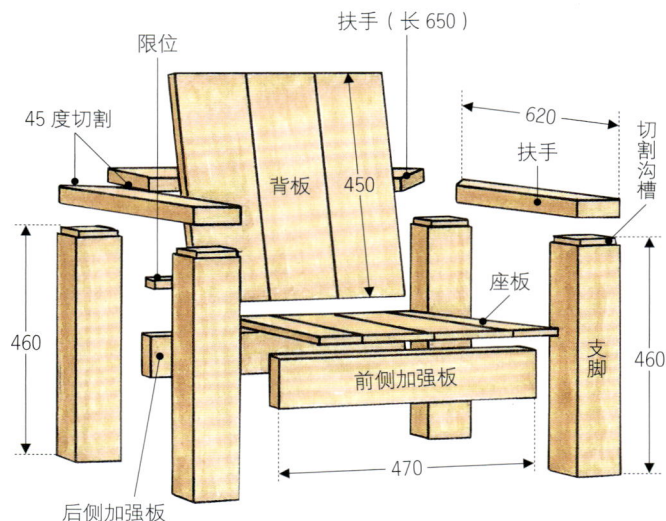

※ 前侧加强板的安装位置稍高

使用的材料

4×4木方、2×4木方、1×4木方、1×6木方、圆棒（直径8mm）

取材表
*尺寸单位：mm

材料的种类	尺寸	数量	使用部分
4×4木方	460	4	支脚
2×4木方	470	2	加强板
2×4木方	620	2	扶手
2×4木方	650	1	扶手
1×6木方	550	2	座板
1×6木方	450	3	背板
1×4木方	550	2	座板
2×4木方（切割细条）			
	400	1	限位

利用模具切割支脚

轻便椅

支脚和背板稍带角度，舒适性优良的椅子。看似复杂，但是制作方法简单。用2mm的合成板按原尺寸画出截面图，并以此为模具。加上倾斜角的后支脚也按模具进行切割，就不会出现失误。

组装方面，用螺钉从两侧打入本体。座面须考虑正反面，反面朝下。材料的端部容易开裂，开下孔后打螺钉最合适。

使用的材料

2×6木方、2×4木方

取材表

*尺寸单位：mm

材料的种类	尺寸	数量	使用部分
2×6木方	800	2	后支脚
2×4木方	400	2	前支脚
2×4木方	420	5	座板
2×4木方	450	2	撑木
2×4木方	500	3	背板

轻便椅的三面图

*单位：mm

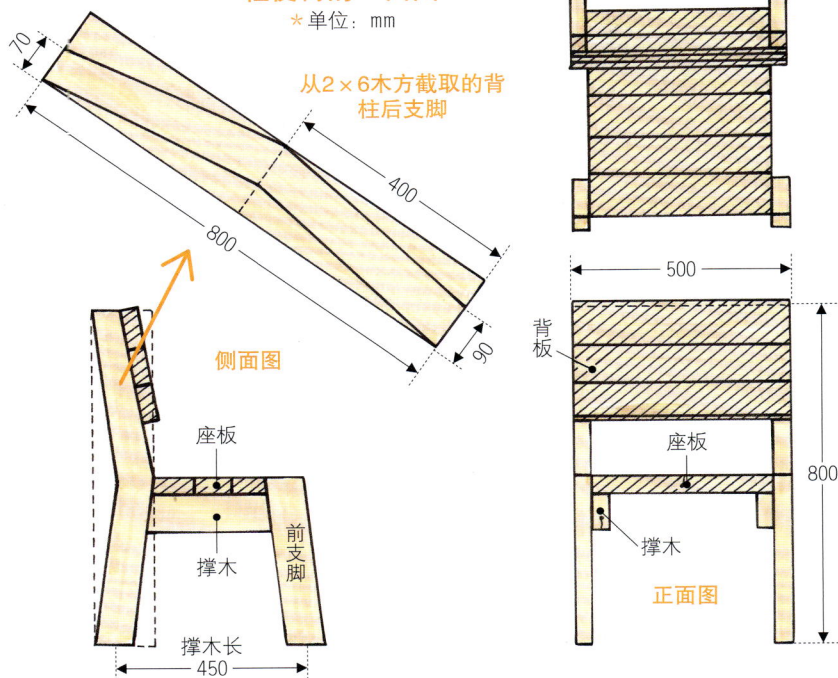

从2×6木方截取的背柱后支脚

70
800
400
90

侧面图

座板
撑木
前支脚
撑木长
450

俯视图

正面图

500
800
背板
座板
撑木

制作步骤

三合板上画截面图制作成模具

模具上方切割组件

前支脚和后支脚的拼接（拼接）

座板的安装（拼接）

背板的安装（拼接）

简单椅

背板和座板使用1×6木方，其他组件分别使用2×4木方的简单椅子。

前支脚切割成曲线，背板侧加工开窗。

拼接时，因材料较厚，螺钉无法穿过材料，可使用"沉孔拼接"的方法（参照141页）。此外，螺钉打入开孔后，使用"埋入木塞的暗钉"方法（参照142页）。

制作步骤

取材

前支脚的曲线切割

前后支脚部分和侧板的拼接（开凿开孔后拼接）

支脚部分和衬板的拼接（开凿开孔后拼接）

座板的安装（开凿开孔后拼接）

背板的开窗加工

背板的安装（开凿开孔后拼接）

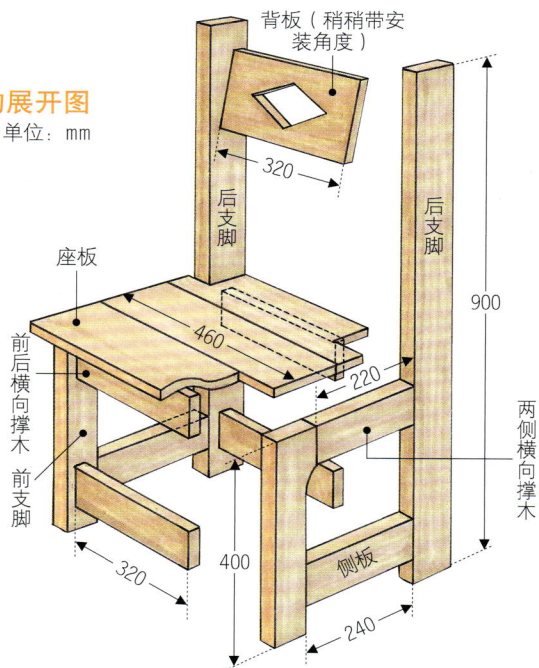

简单椅的展开图
＊单位：mm

背板（稍稍带安装角度）

320

后支脚

后支脚

座板

460

220

900

前后横向撑木

前支脚

两侧横向撑木

320

400

240

侧板

使用的材料

2×4 木方、1×6 木方

取材表
＊尺寸单位：mm

材料的种类	尺寸	数量	使用部分
2×4 木方	900	2	后支脚
2×4 木方	400	2	前支脚
2×4 木方	240	2	侧板
2×4 木方	320	4	前后横向撑木
2×4 木方	220	2	两侧横向撑木
1×6 木方	460	3	座板
1×6 木方	320	1	背板

制作◎白井纮

制作花园木地板一定会留下大量的边角材料。如果不舍丢弃，可以用这些边角材料制作成简单高脚凳。3点支撑的简单结构，强度却很优越。虽然有3处斜面切割，但是只要画出墨线，用收锯就能轻松完成。

拼接时，均用螺钉进行。凳子的高度等成品尺寸对应个人使用方便及实际需求，后支脚的安装角度也对应实物调整。

制作步骤

座板的安装（拼接）→ 前支脚和加强板的拼接（拼接）→ 踏板的安装（拼接）→ 后支脚的斜面切割 → 后支脚的安装（拼接）

使用边角材料的
简单高脚凳

使用的材料

2×6 木方、2×4 木方、2×2 木方

取材表

*尺寸单位：mm

材料的种类	尺寸	数量	使用部分
2×6 木方	300	1	座板
2×6 木方	200	1	加强板 A
2×4 木方	300	1	踏板
2×2 木方	600	2	前支脚
2×2 木方	650	1	后支脚
2×2 木方	320	1	加强板 B

简单高脚凳的展开图

*单位：mm

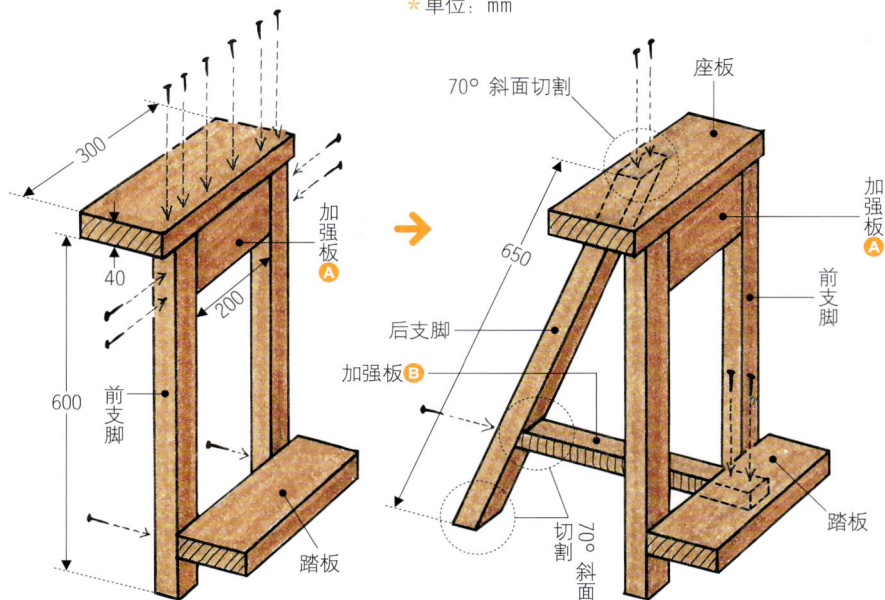

300

40

200

600

前支脚

加强板 A

踏板

70° 斜面切割

座板

650

后支脚

加强板 B

前支脚

踏板

70° 斜面切割

难易度
★☆☆

009

简单拼接的 花园用小凳

仅用螺钉拼接的花园用小凳。加工也只用圆锯（手锯）的简单方法。支脚的倾斜切割使用较宽的2×8木方，轻松完成。

仅有一点需要注意，螺钉的头部不能从座面冒出。如果可以，最好使用暗钉方法。或者，只要将螺钉固定结实即可。

支脚和支脚的间距合适。支脚拼接完成状态。

制作步骤

取材
▼
座板和托木的拼接
（拼接）
▼
4根支脚均拼接于托木
（拼接）
▼
踏板拼接于前后侧
（拼接）
▼
座板的边角斜面切割

座板背视图　座板Ⓐ

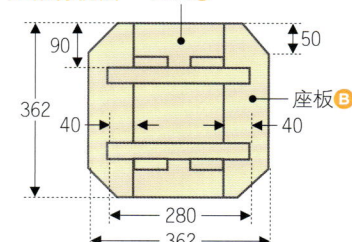

90　　50
362
40　　40
280
362

座板Ⓑ

花园用小凳的三面图

*尺寸单位：mm

侧面A

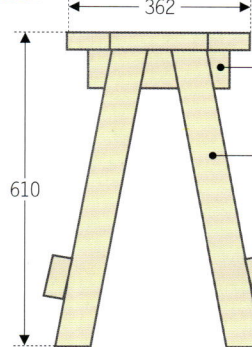

362
座板的托木
610
支脚
踏板
90

侧面B

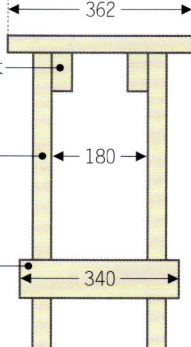

362
座板的托木
180
踏板
340

使用的材料

2×8木方、2×4木方

取材表　　　*尺寸单位：mm

材料的种类	尺寸	数量	使用部分
2×8木方	70×610	4	支脚
2×8木方	362	1	座板Ⓐ
2×4木方	362	2	座板Ⓑ
2×4木方	280	2	座板的托木
2×4木方	340	2	踏板

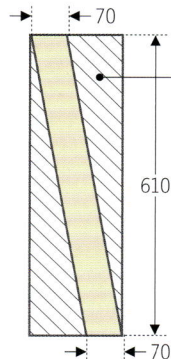

支脚的取材

70
2×8木方
610
70

使用一种木方制作的简单凳。也是一款最适合练习木工技法的作品。支脚、座板的托木、下贯的两端部分均用圆锯切割角度。排列材料，并用黏合剂拼接，用曲线锯切割整齐。拼接各组件时，为使螺钉的头部嵌入，可用电钻沉孔（参照141页），再固定螺钉。

此外，为了使连接座板的托木和下贯的各组件厚度相同，可用凿子及刨子进行打磨，并进行"搭接"加工（参照142页）。

难易度 ★★★

010

SIMPLE WOOD WORKS * BEST SELECTION * SIMPLE WOOD WORKS

简单凳

使用『榫接』及『沉孔』拼接各组件

使用的材料

2×4 木方

取材表 *尺寸单位：mm

材料的种类	尺寸	数量	使用部分
2×4 木方	415	4	支脚
2×4 木方	236	2	座板的托木
2×4 木方	292	2	下贯
2×4 木方	356	4	座板

简单凳的展开图

*尺寸单位：mm

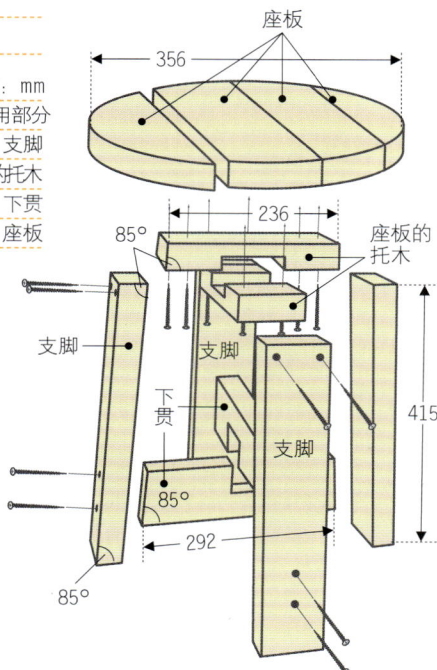

座板
356
座板
236
85°
座板的托木
支脚
支脚
下贯
支脚
85°
415
292
85°

制作步骤

取材
↓
排列并黏合座板
↓
座板切割成正圆
↓
座板的托木、下贯的中心部分进行搭接加工
↓
支脚和座板的托木的拼接（电钻沉孔后拼接）
↓
支脚和下贯的拼接（电钻沉孔后拼接）
↓
座板的拼接（电钻沉孔后拼接）

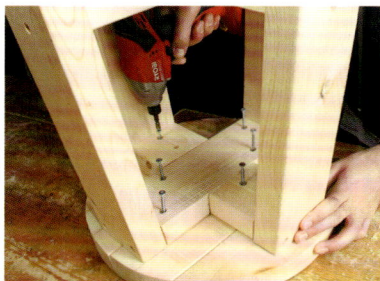

拼接支脚和座板，使用51mm螺钉。而且，凿孔后打钉。

制作◎堀口丈夫

017

难易度
★☆☆

011

精致小椅

具有设计气息的椅子

1×4木方和1×8木方组合而成的简单椅子。连接前支脚和后支脚的贯板，同背板及座板相互倾斜，在拼接位置带有角度。通过这个角度，可以调节背板和座板的角度。对应这个角度，还可以在前支脚和后支脚的下端切割出角度。但是，本款椅子设计简单，可省去多余的加工。制作完成后，用流行的色调进行涂装，会更加精致。此外，使用的螺钉均为细螺钉。

背面。1×8木方的背板和后支脚成为一直线。

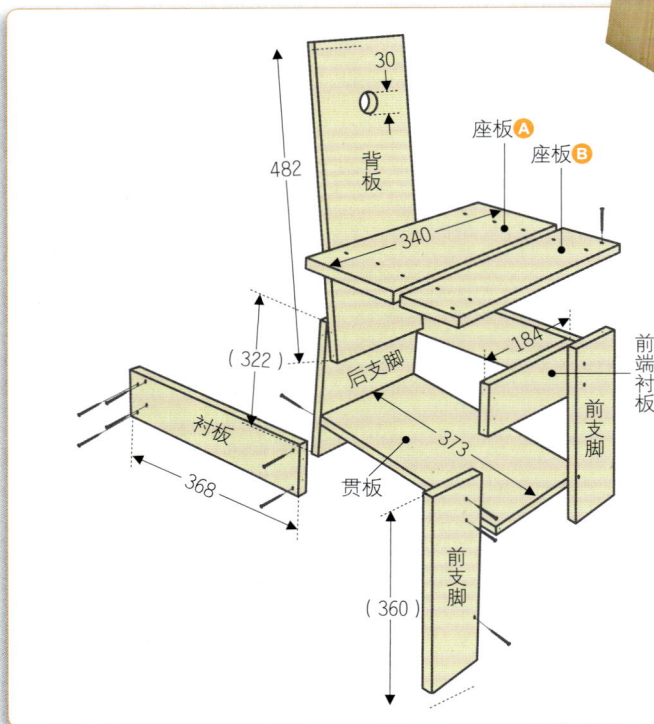

贯板的左右两端的角度

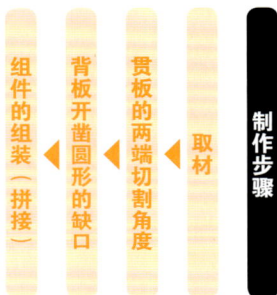

制作步骤
取材 ▶ 贯板的两端切割角度 ▶ 背板开凿圆形的缺口 ▶ 组件的组装（拼接）

精致小椅的展开图

* 单位：mm

30
482
背板
座板 Ⓐ
座板 Ⓑ
340
（322）
184
后支脚
前端衬板
衬板
前支脚
373
贯板
368
前支脚
（360）

使用的材料

1×4木方、1×8木方

取材表

材料的种类	尺寸	数量	使用部分
1×8木方	482	1	背板
1×8木方	340	1	座板Ⓐ
1×8木方	（322）	1	后支脚
1×8木方	373	1	贯板
1×4木方	340	1	座板Ⓑ
1×4木方	（360）	2	前支脚
1×4木方	184	1	前端衬板
1×4木方	368	2	左右衬板

仅用座板和背板制作而成的贵族风非洲椅。座板穿过背板的开孔，简单制作的椅子。传统方法是用一条板材制作而成，这里使用2条交叠而成。2条板交叠拼接后，紧固并放置1天。

背板的插孔作业和装饰加工使用曲线锯，制作出精美的效果。此外，为了表现出名贵感，还可以使用刻刀进行雕刻。

非洲椅

名贵感和艺术感

非洲椅的展开图
*单位：mm

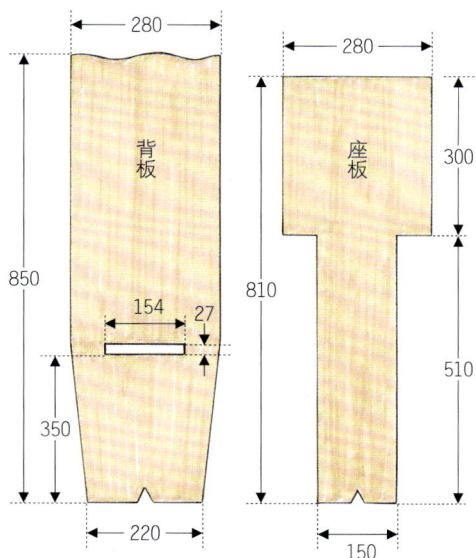

背板

座板

280

280

850

810

154

27

300

510

350

220

150

使用的材料

柏木、圆棒（直径10mm）

取材表　　　　　　　　　　*尺寸单位：mm

材料的种类	尺寸	数量	使用部分
柏木（25mm×140mm）	850	2	背板
柏木（25mm×140mm）	810	2	座板

制作步骤

- 板材的拼接（交叠拼接）
- 取材
- 背板的开孔加工
- 用电动刮刀进行雕刻
- 组装（拆卸简单）

2条板交叠拼接而成，拼接后定型放置1天。

取材完成的状态，主要加工也就完成了。

013

简单桌&椅

桌面的直径使用 3 条 2×6 的木方排列成 420mm（140mm×3）。3 条板的拼接面使用多功能黏合剂，再卡紧固定。放置一晚之后，画圆形墨线，并用曲线锯切割。

固定支脚的撑木组合成三角形，各角按 60° 切割。3 个支脚固定于三角形的撑木，注意保持支脚间的平衡。

椅子可容纳身高 160～180cm 的人宽松坐下。背板的角度调节为 105°～107°，坐着更舒适。而且，背板的角度由后支脚的切割角度确定。此外，各部分组件相互拼接。

制作步骤·椅

取材
↓
左右的前支脚和横向撑木的安装（拼接）
↓
左右的后支脚的切割 & 后支脚的安装（拼接）
↓
连接左右的背板的撑木的安装（拼接）
↓
连接左右的座板下撑木的安装（拼接）
↓
座板的安装（拼接）
↓
背板的安装（拼接）

制作步骤·桌

取材
↓
桌面的拼接
↓
桌面的加工（圆形）
↓
桌面和三角形撑木的拼接（电钻沉孔后拼接）
↓
支脚的安装（拼接）

桌的平面图
*单位：mm

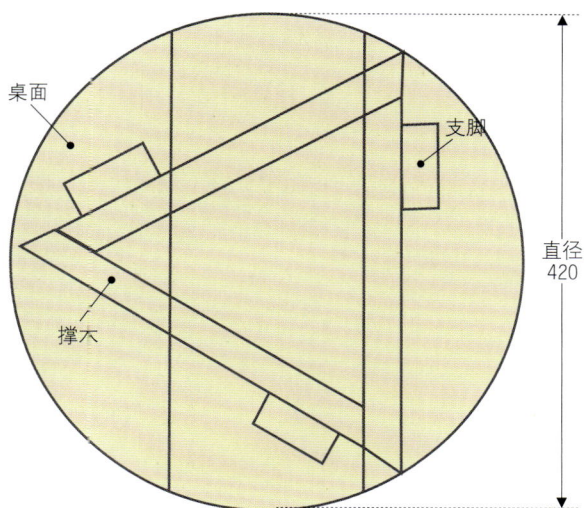

桌面

支脚

撑大

直径
420

使用的材料
桌 /2×6 木方、2×4 木方、多功能黏合剂
椅 /2×6 木方、2×4 木方、1×6 木方

取材表
*尺寸单位：mm

桌				椅			
材料的种类	尺寸	数量	使用部分	材料的种类	尺寸	数量	使用部分
2×6 木方	420	3	桌面	2×6 木方	800	2	后支脚
2×4 木方	300	3	撑木	2×4 木方	380	2	前支脚
2×4 木方	550	3	脚	2×4 木方	550	2	横向撑木
				2×4 木方	340	2	靠背撑木
				2×4 木方	268	2	座板下撑木
				1×6 木方	480	3	背板
				1×6 木方	450	3	座板

制作完成的桌。简单实用，适合放在阳台。

桌面的背面，组装成三角形的撑木安装于此。螺钉无法穿透，可用电钻沉孔后打钉。

椅的侧视图

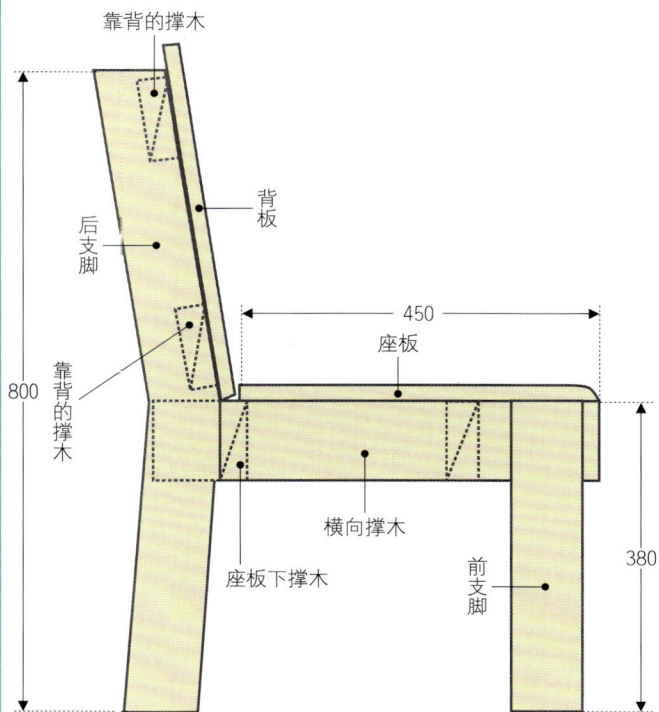

靠背的撑木

背板

后支脚

靠背的撑木

座板

横向撑木

座板下撑木

前支脚

450

800

380

椅的骨架组装完成的状态。

制作完成的椅。背板的曲线加工，使用曲线锯更方便。

适合初学者的

花园桌 & 椅

SIMPLE WOOD WORKS · BEST SELECTION · SIMPLE WOOD WORKS

难易度
★ ☆ ☆

初学者也能轻松安装的花园木工初级作品。组装时，将各组件拼接，打入螺钉拼接。只要按照尺寸切割、水平打入螺钉就能轻松完成的作品。

关键点是椅的后支脚和扶手的拼接。为了保证这个部分充分拼接，将扶手的后端开槽，对应后支脚拼接。同样，只要切割整齐，并不是很难。手工初学者可以从这款组合开始尝试。

制作步骤·椅
取材
座板和前后衬板的拼接（拼接）
前支脚的安装（拼接）
后支脚的安装（拼接）
扶手的加工
扶手的安装（拼接）
背板的安装（拼接）

制作步骤·桌
取材
桌面托木的组装（拼接）
桌面的安装（拼接）
支脚的安装（拼接）

制作◎横滨一男

花园桌的展开图　＊单位：mm

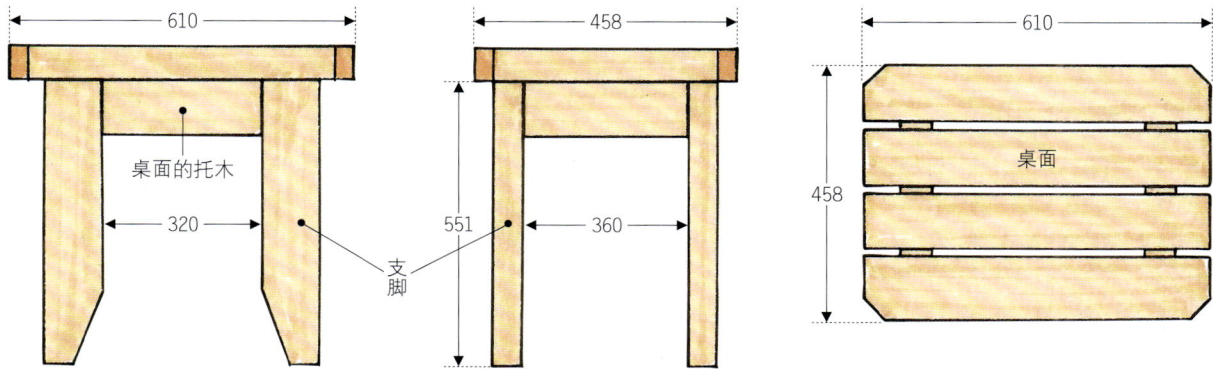

610
320
桌面的托木

458
551
360
支脚

610
458
桌面

花园椅的展开图

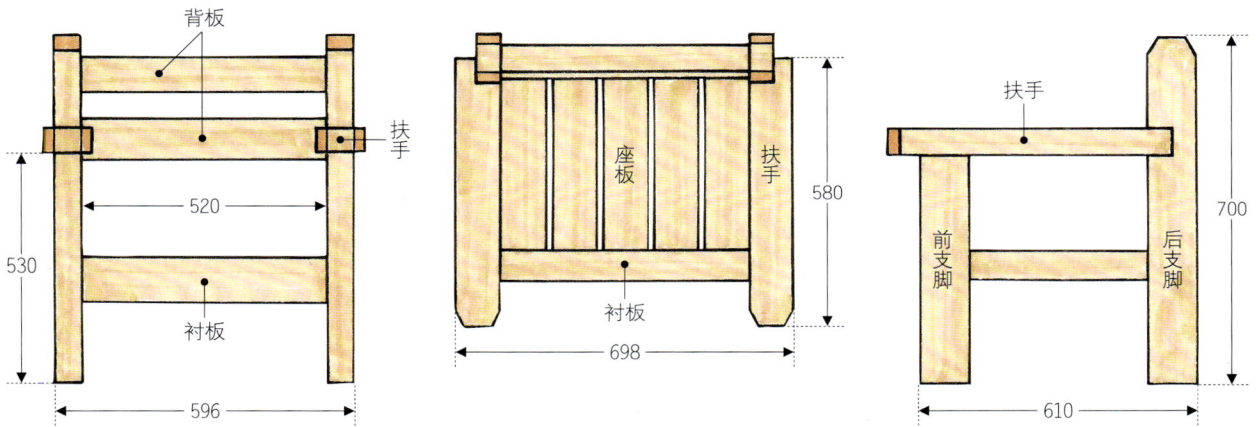

背板
扶手
520
530
衬板
596

座板
扶手
580
衬板
698

扶手
前支脚
后支脚
700
610

支脚安装于本体。

支脚的前端倾斜切割。

组装桌面的托木。

连接扶手。

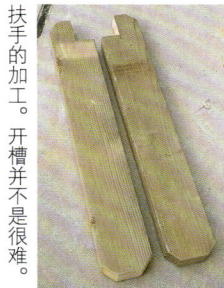

扶手的加工。开槽并不是很难。

前后支脚连接于座板的状态。

使用的材料

2×6 木方、2×4 木方

取材表　＊尺寸单位：mm

桌

材料的种类	尺寸	数量	使用部分
2×6 木方	610	2	桌面
2×4 木方	610	2	桌面
2×4 木方	422	2	托木
2×4 木方	360	2	托木
2×4 木方	551	4	支脚

椅

材料的种类	尺寸	数量	使用部分
2×4 木方	700	2	后支脚
2×4 木方	530	2	前支脚
2×4 木方	520	4	背板、衬板
2×4 木方	580	2	扶手
2×4 木方	534	5	座板

难易度 ★★★

015

仅用1×8木方制作的

带收纳空间的桌

制作步骤

桌面、收纳部分、支脚的拼接（拼接）◀ 支脚、收纳部分的前端45°切割 ◀ 桌面和收纳部分的拼接 ◀ 取材

只需1×8木方制作而成的带收纳空间的桌。木方2件一组用木工胶水黏合。收纳部分呈直角拼接，并同桌面拼接，最后按45°倾角拼接左右支脚。用直角尺等确认拼接部分的直角，再确认桌面拼接侧的45°切割面准确无误。此外，2个支脚的前端也要加工成45°，同收纳部分的拼接端则为垂直关系。

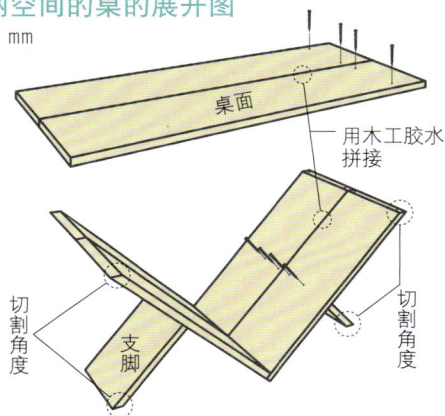

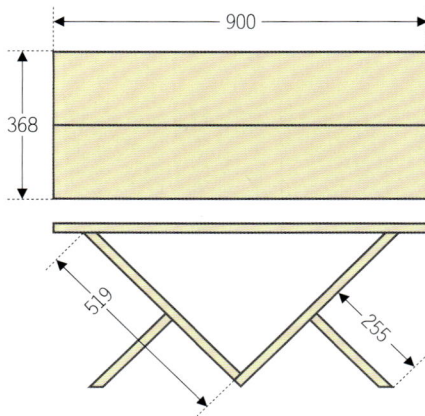

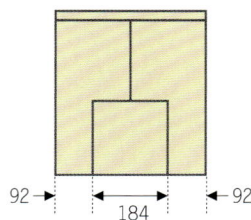

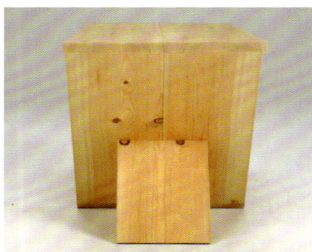

看向侧面。桌面和收纳部分用木工胶水拼接2条1×8木方。

粘合面有90°和45°两种。用32mm细螺钉拼接，正确切割木材是关键。

使用的材料

1×8木方

取材表

*尺寸单位：mm

材料的种类	尺寸	数量	使用部分
1×8木方	900	2	桌面
1×8木方	538	2	收纳部分
1×8木方	519	2	收纳部分
1×8木方	255	2	支脚

带收纳空间的桌的展开图
*单位：mm

桌面

用木工胶水拼接

切割角度

支脚

切割角度

900

368

519

255

92 184 92

取材
↓
撑木侧画出搭接的墨线
↓
桌面的撑木的组装
↓
撑木和桌面的拼接（拼接）
↓
支脚的安装
↓
桌面四角的加工

托住桌面的撑木的安装。搭接加工后，按井字组装。

016

难易度 ★★☆

搭接组装的
简单花园桌

花园桌的展开图
*单位：mm

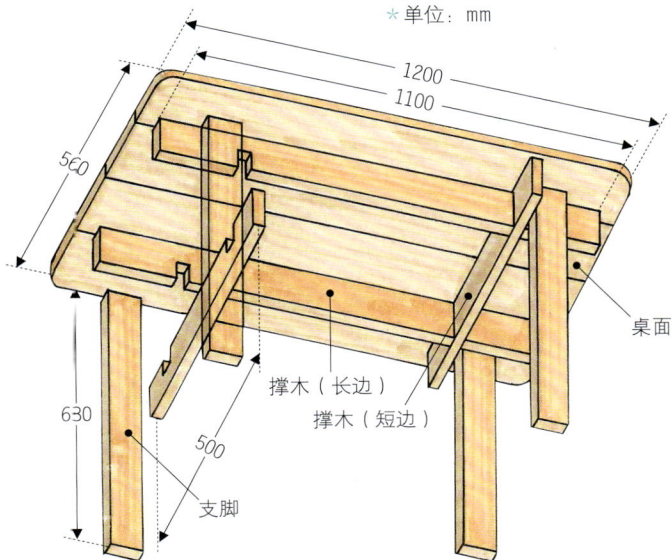

1200
1100
560
桌面
撑木（长边）
撑木（短边）
支脚
630
500

使用的材料
2×4 木方、1×6 木方

取材表   *尺寸单位：mm

材料的种类	尺寸	数量	使用部分
2×4 木方	1100	2	撑木（长边）
2×4 木方	500	2	撑木（短边）
2×4 木方	680	4	支脚
1×6 木方	1200	4	桌面

支撑桌面、拼接支脚的撑木搭接加工（参照142页）的花园桌。搭接就是将相互结合的部分开凿相同尺寸的槽，嵌入拼接的木工技巧。

用手锯按3mm间隔加工几条深度达到墨线记号位置的切口。接着，放平材料，用凿子开槽。凿子垂直对向槽口，开槽效果更整齐。组装简单，螺钉拼接即可。

桌面宽大结实的

圆形花园桌

桌面直径约1m的圆形花园桌。特点是X形组装的支脚。将原尺寸画于合成板上，以此为模具进行切割。此时，为了顺利完成角度切割，务必使用手锯导架（参照138页）。

取材结束后，用钻头开孔，将螺栓插入支脚中，同撑木拼接，X支脚完成。桌面安装于撑木，用自制圆规画出墨线，并用曲线锯切割即可。

圆形花园桌的展开图 *单位：mm

俯视图（省略支脚）

撑木
桌面
880
370

使用的材料

2×4 木方、27mm×105mm 的红雪松、螺母 & 螺母（轴径 8mm）

取材表　　　*尺寸单位：mm

材料的种类	尺寸	数量	使用部分
红雪松（27mm×105mm）	880	2	撑木
红雪松（27mm×105mm）	（700~1000）	9	桌面
2×4 木方	940	4	支脚
2×4 木方（切割成 70mm 宽）	370	2	加强板

侧视图

978
700
螺栓
860
940
加强板

正视图

70
加强板

制作步骤

制作原尺寸大小的模具，各组件侧画墨线 → 支脚的取材 → 支脚的预组装（固定螺栓） → 加强板的安装 & 支脚的固定（拼接） → 桌面的圆形加工 → 桌面的安装（拼接）

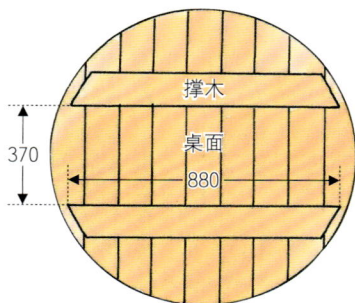

拼接桌面和撑木。

2 个支脚用螺栓固定成X形的支脚。

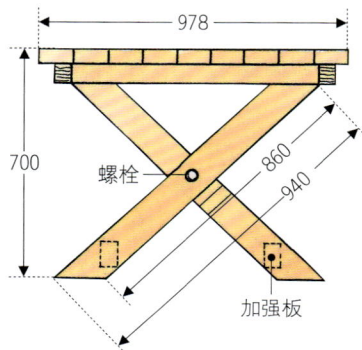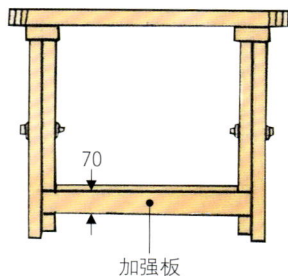

最后涂装。桌面背面的结构清楚呈现。

桌面上画圆形的墨线，用曲线锯切割。

支脚靠近墙壁打开，放上桌面就组合而成的桌子。是一款折叠存放方便的作品。桌面使用3条1×6木方排列而成，背面再拼接1×6木方。

组合完成后，切割成圆形。1×6木方厚度只有19mm，使用25mm的螺钉拼接，防止螺钉头部露出。如果使用长螺钉，可斜向打入。

支脚部分使用2条2×2木方制作，再用合页连接的结构，就像屏风般打开。

018

少量材料制作的

折叠式置物桌

SIMPLE WOOD WORKS * BEST SELECTION * SIMPLE WOOD WORKS

合页的正面，可选择装饰性强的类型。

制作步骤

取材 ▶ 桌面的组装（拼接）▶ 左右支脚的组装（拼接）▶ 桌面切割成圆形 ▶ 用合页拼接左右支脚桌面的圆

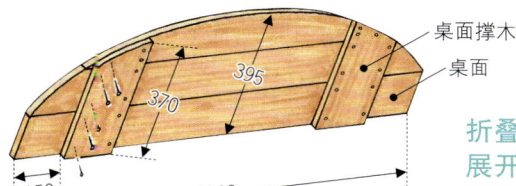

桌面撑木
桌面

395
370
150
1000

折叠式置物桌的展开图

*单位：mm

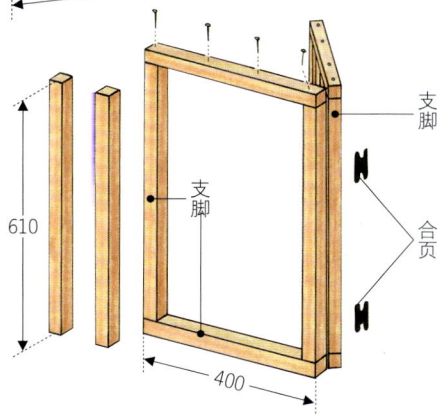

支脚
支脚
610
400
合页

使用的材料

2×2木方、1×6木方、合页

取材表

*尺寸单位：mm

材料的种类	尺寸	数量	使用部分
2×2木方	400	4	支脚
2×2木方	610	8	支脚
1×6木方	对应实物	3	桌面
1×6木方	370	2	桌面撑木

这样存放。

支脚部分如屏风般竖起。

可收纳炭炉的小型桌。分别用3条2×6木方组装出4面，相互拼接即可。各面的第1层和第2层木方用长钻头沉孔后打钉固定（参照141页）。第3层从侧面开孔，斜向打入螺钉。

盖板用4条1×4木方组合制作，并用合页同本体拼接，于是使用边角材料的盖板也安装完成。本体内部用1个合页连接2×4木方，作为盖板的支撑，盖板打开后，就是一张小桌。

带炭炉收纳空间的 移动式小桌

「箱体」部分完成。

拼接第3排时，螺钉不能贯穿木板，尽可能以接近垂直的角度斜向打入。

"箱体"部分的第1排和第2排的拼接时，用长钻头凿深孔后打螺钉固定。

移动式小桌的展开图
* 单位：mm

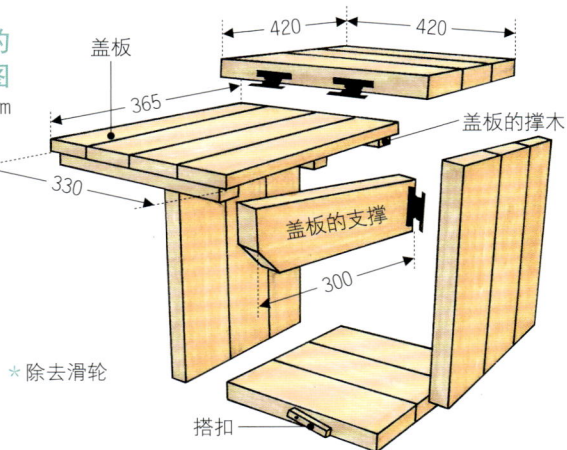

盖板
420   420
365
盖板的撑木
330
盖板的支撑
300
* 除去滑轮
搭扣

使用的材料
2×6木方、2×4木方、1×4木方、合页、边角料、滑轮（直径30mm）

取材表
* 尺寸单位：mm

材料的种类	尺寸	数量	使用部分
2×6木方	420	12	桌本体
2×4木方	300	1	盖板的支撑
1×4木方	365	2	盖板
1×4木方（切割成76mm）	365	2	盖板
1×4木方（切割成40mm）	310	3	盖板的撑木

制作步骤

取材
↓
制作3层重叠的箱体（拼接）
↓
盖板的组装（拼接）
↓
盖板的支撑的安装（拼接）
↓
桌本体和盖板的安装（拼接）

厚度 18mm 的松木如何拼接成圆形？还有，支脚的角度切割如何准确加工？只要把握这两点，剩余的制作过程就非常简单。并且，拼接时使用 50mm 的细螺钉。

下开孔及倒角自然必不可少。如果条件允许，最好使用可使螺钉深深嵌入开孔的钻头。此外，如果对支脚的长度及倾斜度进行调节，就能制作成凳子。

斜线切割的
小桌

使用的材料

松木合成材料（厚 18mm）、2×4 木方、1×4 木方

取材表　　　　　　＊尺寸单位：mm

材料的种类	尺寸	数量	使用部分
松木合成材料(厚18mm)	直径 400 圆板	1	桌面
1×4 木方	150	3	桌面托木
2×4 木方	594	3	支脚
2×6 边角材料	底边 123 高 80 的三角形	3	加强板

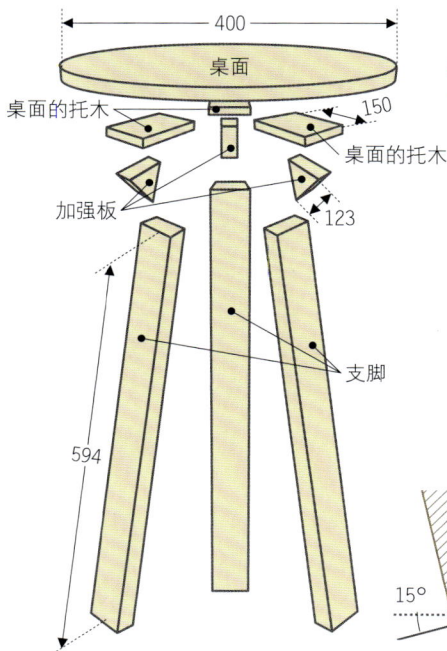

400

桌面

小桌的展开图
＊尺寸单位：mm

桌面的托木
150
桌面的托木
加强板
123
支脚
594
15°

3 组支脚安装于桌面的状态。拼接加强板的位置非常清晰。

制作步骤

取材
（含桌面的圆形切割）

桌面托木和支脚的拼接
（拼接）

桌面托木与加强板的拼接
（拼接）

桌面托木和支脚的拼接
（拼接）

菱形图案点缀的

带靠背的乡村长椅

SIMPLE WOOD WORKS BEST SELECTION

制作步骤

- 取材
- 背板的组装（拼接）
- 座板托木的组装（拼接）
- 侧板和座板托木的拼接（拼接）
- 座板的安装（拼接）
- 背板的安装（拼接）

　　成品后宽度达到 115cm，可容纳 2 至 3 人坐下的长椅。美式乡村风格的作品。看似复杂，其实只用直线切割，初学者也能完成的结构。

　　侧板使用合成材料，手工画出墨线，用曲线锯切割。一侧切割完成，可用作另一侧的模具，左右对称。

　　本作品的靠背侧的菱形装饰最为考验耐心，其实只是简单的形状切割，没有复杂的技巧。剩余的部分都是直线切割，再沿直角拼接即可。虽是一件大作品，制作过程却很简单。

制作◎白井纩

排列座板，用螺钉安装。

侧板和座板托木安装完成，从内侧打螺钉。

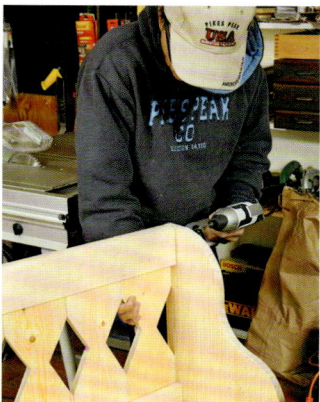

背板和侧板拼接完成。

使用的材料

1×6木方、1×4木方、松木合成材料（厚18mm）

取材表   *尺寸单位：mm

材料的种类	尺寸	数量	使用部分
1×6木方	485	8	装饰背板
1×6木方	1120	2	座板 Ⓐ
1×4木方	1120	5	背板（横向撑木）、座板 Ⓑ、座板托木
1×4木方	260	2	座板托木
1×4木方	1082	1	座板托木（加强板）
松木合成材料（厚18mm）910×350		2	侧板

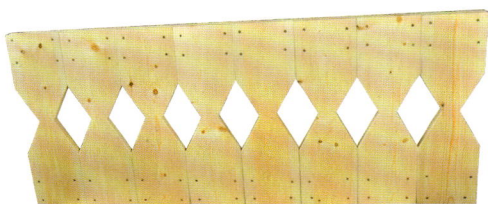

背板背面。从背面打螺钉，拼接装饰背板和背板横向撑木。

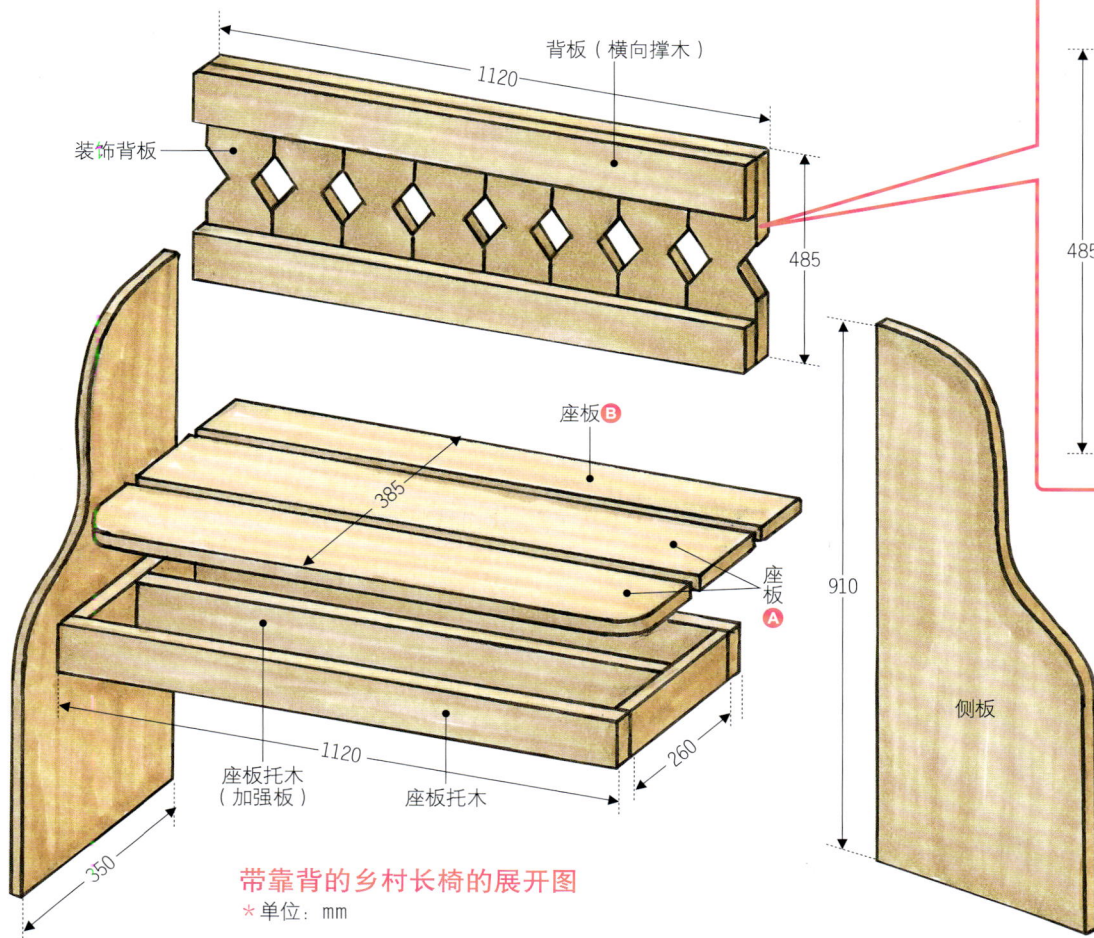

装饰背板

背板（横向撑木）

1120

装饰背板

485

座板 Ⓑ

385

座板 Ⓐ

910

1120

座板托木（加强板）

座板托木

260

350

侧板

带靠背的乡村长椅的展开图
*单位：mm

装饰背板

145

40

485

150

8 英尺长的 5 条 2×4 木方制作而成的 X 脚花园长椅。

制作的关键是，准确完成支脚部分的斜面切割。斜面切割最适合用电动圆锯。而且，本作品还使用了手锯导架和直角尺。首先，将原尺寸画在胶合板上制作成模具，并用直角尺挑出，描印于支脚部分的材料（画墨线）。对齐墨线，固定手锯导架的角度，再用圆锯切割的步骤。

作品长度为 150cm，比较长，支脚的内侧添加了加强板。

X 支脚的组装使用螺栓和螺母固定，将螺母准确固定于正中央，以防止支脚松动。

难易度
★ ☆ ☆

X 脚花园长椅

022

SIMPLE WOOD WORKS * BEST SELECTION

从底部看 X 支脚。横梁连接 1 片座板，打入 2 颗螺钉。

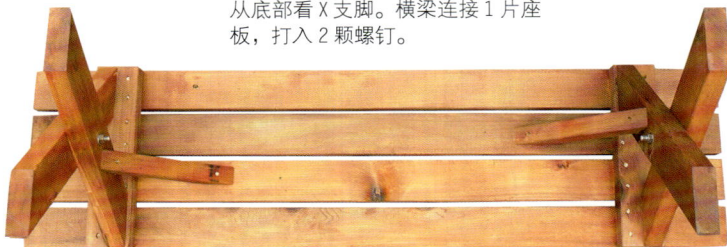

制作步骤

取材 ◀ 支脚拼接成 X 形（螺栓和螺母） ◀ 横梁拼接于支脚（拼接） ◀ 座板和支脚的组装（拼接） ◀ 加强板的拼接（拼接）

从侧面看的状态，呈现整齐的 X 形状支脚。

用螺栓组装 X 形状支脚。

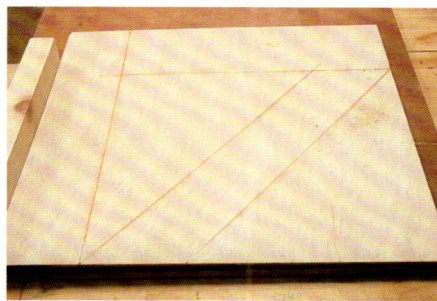

支脚的原尺寸模具。

X 形状成形。

使用的材料

2×4 木方

取材表

*尺寸单位：mm

材料的种类	尺寸	数量	使用部分
2×4 木方	1500	4	座板
2×4 木方	600	4	支脚
2×4 木方	400	2	横梁
2×2 木方	300	2	加强板

左侧为手锯导架，右侧为活动支脚尺。手锯导架搭配圆锯，就能正确切割。支脚尺对应图纸及实物，挑起角度，拧紧螺钉，固定开口，在需要描印角度的材料上画墨线。

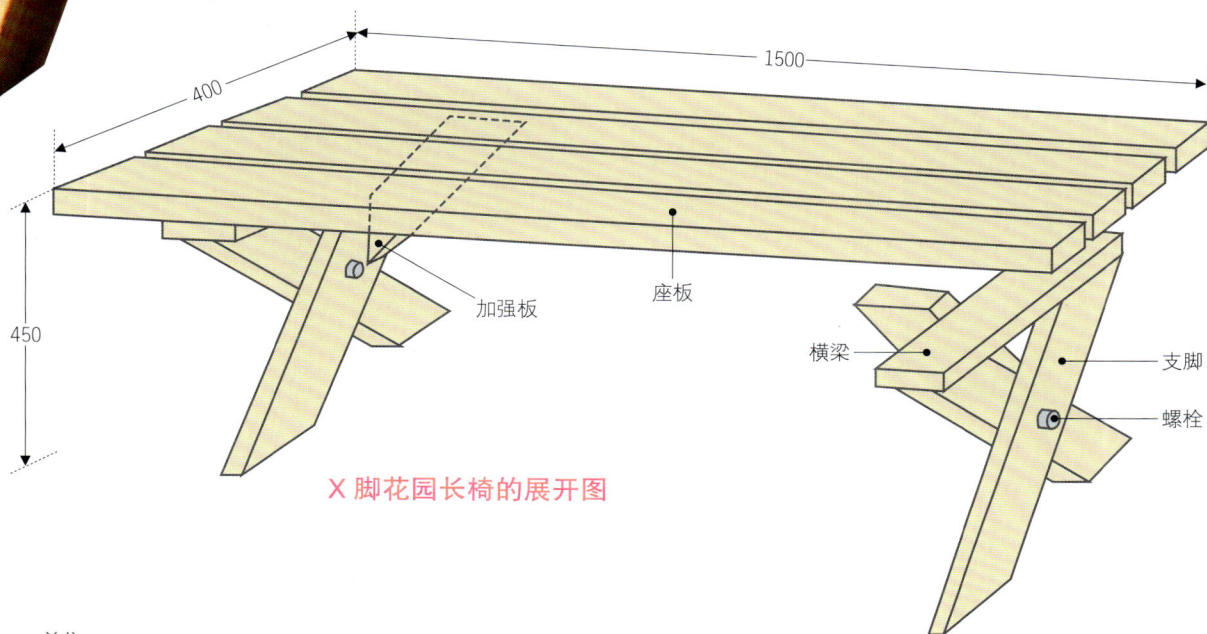

400

1500

450

加强板

座板

横梁

支脚

螺栓

X 脚花园长椅的展开图

*单位：mm

景观树周围的

六角长椅

023

制作步骤

取材
↓
框架的组装（拼接）
↓
拼接6个框架（拼接）
↓
支脚的安装（拼接）
↓
座板的安装（拼接）

　　将景观树或花盆围绕在中央的六角长椅。支脚以外的组件都要切割斜面。其实，只要耐心制作就没有问题。

　　制作原尺寸大小的模具（参照右页图片），对应模具切割木料。模具用合成板制作，绘制效果清晰且模具耐用。

　　制作过程中使用的模具为边长550mm的三角形。但是，长椅的中心部分需要隔开树木的空间，从三角形顶点开始缩短150mm的边长，制作6件基底的框架。这些框架布置于景观树或盆景的周围，再顺次拼接支脚及座板。

　　每件基底框架下固定一个支脚，支脚使用4×4木方制作。此外，为了增加强度，框架内侧对应固定辅助支脚，辅助支脚用2×4木方制作。

制作◎大智花园

将框架布置于树木周围，拼接各框架，安装支脚。

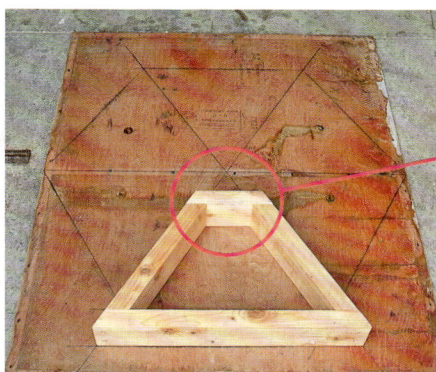

框架取材时使用的原尺寸大小的模具板。

距三角形顶点 150mm 位置标记。

外周的座板向框架外侧延伸 20mm。

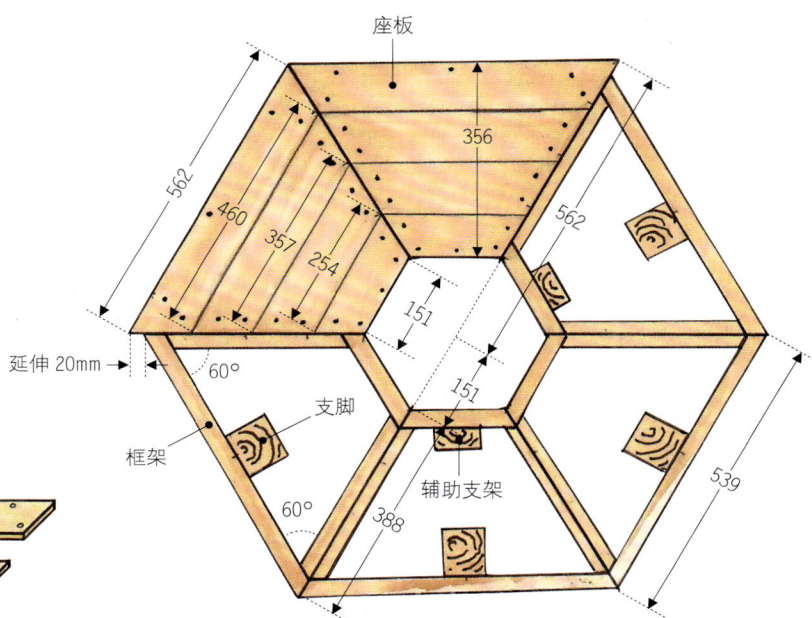

座板

562
356
460
357
254
562
151
151
延伸 20mm
60°
539
支脚
框架
辅助支架
60°
388

六角长椅的俯视图

六角长椅的展开图

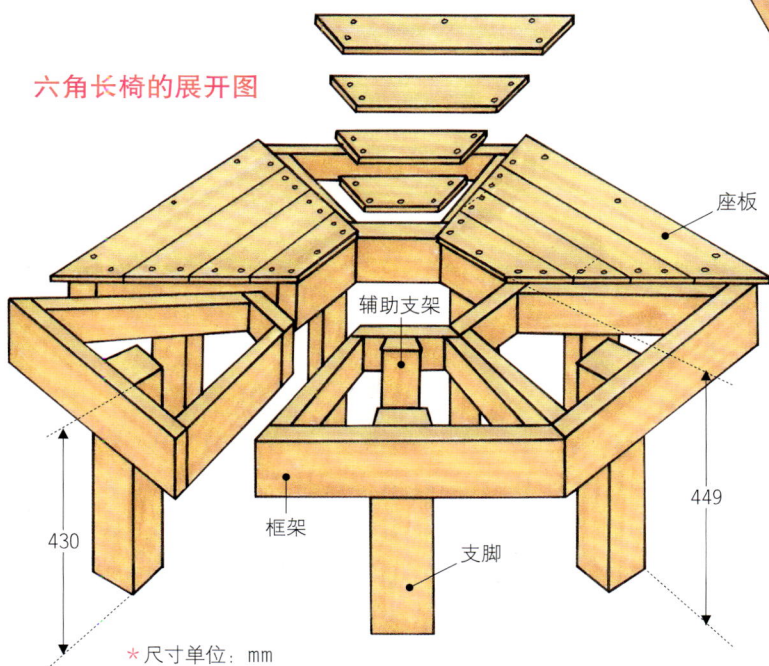

座板
辅助支架
框架
支脚
430
449
*尺寸单位：mm

使用的材料

4×4 木方、2×4 木方、1×4 木方

取材表　　　*尺寸单位：mm

材料的种类	尺寸	数量	使用部分
4×4 木方	430	6	支脚
2×4 木方	190	6	框架
2×4 木方	312	12	框架
2×4 木方	430	3	辅助支架
2×4 木方	539	6	框架
1×4 木方	254	6	座板
1×4 木方	357	6	座板
1×4 木方	460	6	座板
1×4 木方	562	6	座板

- 取材
- 短支脚和长支脚的拼接（拼接）
- 短支脚和加强板的拼接（拼接）
- 座板和支脚的拼接（拼接）
- 小桌的拼接

制作木甲板后剩余的14英尺（约4.2m）的2×6木方。只需使用1根这样的材料，就能制作出简单长椅。拼接时均使用65mm的细长螺钉。如果条件允许，可沉孔拼接（参照141页）。用圆锯切割完成后，再用小刀或锉子充分加工倒角。材料使用西部红雪松，便宜的SPF木材也行。但是，室外使用一定要进行涂装。

带小桌的长椅

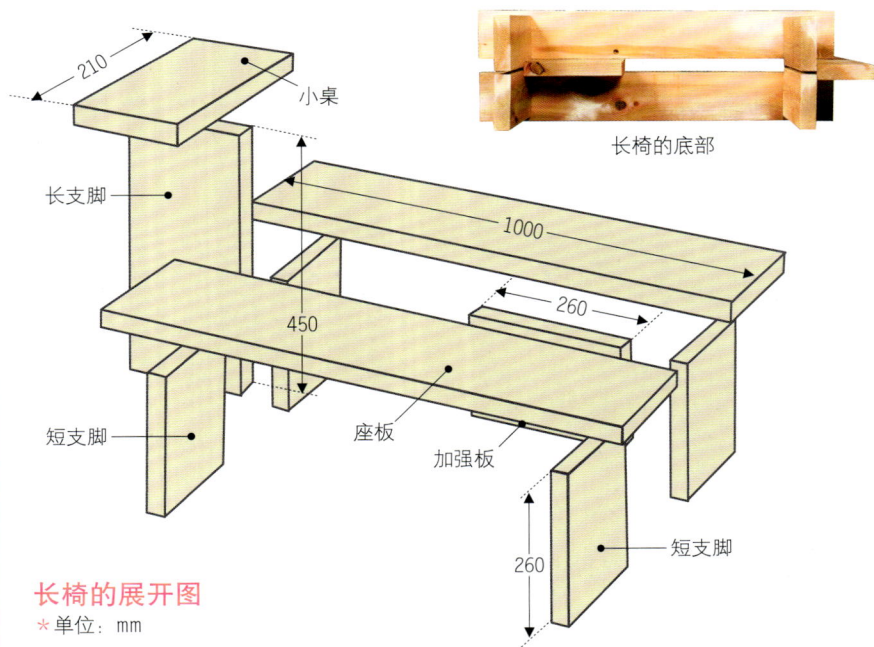

024

SIMPLE WOOD WORKS · BEST SELECTION

长椅的展开图
*单位：mm

- 210 小桌
- 长支脚
- 短支脚
- 1000
- 450
- 260
- 座板
- 加强板
- 260
- 短支脚

长椅的底部

使用的材料
2×6木方（西部红雪松）

取材表
*尺寸单位：mm

材料的种类	尺寸	数量	使用部分
2×6木方	1000	2	座板
2×6木方	450	1	长支脚
2×6木方	260	5	短支脚、加强板
2×6木方	210	1	小桌

加强板斜向打入座板。

制作◎D.PARADISE

难易度
★☆☆

025

SIMPLE WOOD WORKS ★ BEST SELECTION ★

葫芦形状的花园长椅

葫芦形状的花园长椅的展开图
＊单位：mm

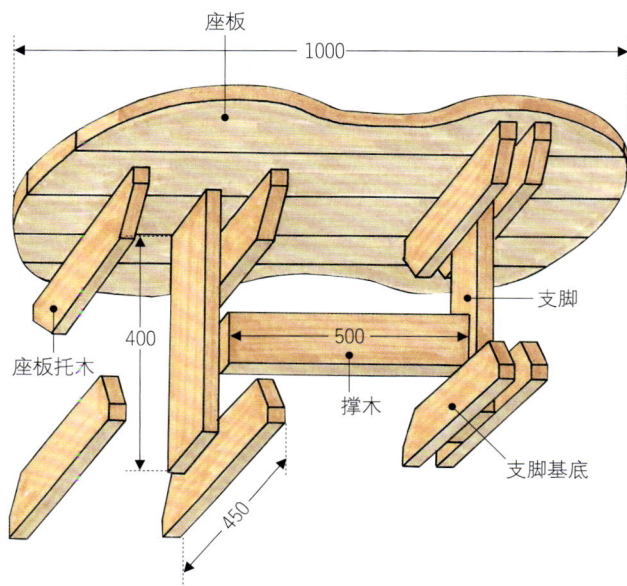

座板
1000
座板托木
400
座板
支脚
500
撑木
450
支脚基底

使用的材料

2×4 木方

取材表　　　　　　＊尺寸单位：mm

材料的种类	尺寸	数量	使用部分
2×4 木方	400	2	支脚
2×4 木方	450	8	支脚基底,座板托木
2×4 木方	500	1	撑木
2×4 木方	1000	5	座板

座板从中央的板材开始拼接。布置板材时，仔细确认前后左右的平衡，并用螺钉固定。

可以用作长桌的通用尺寸花园长椅。使用的材料为西部红雪松，如果后期涂装，也可使用 SPF 材料。

连接支脚上下端的座板托木和支脚基底需要切割斜面。再组合2个支脚，用撑木拼接就完成了整个支脚。

座板从中央的板材开始拼接，注意左右整齐。最后，用曲线锯将座面切割成自己喜欢的形状，就成为一款原创的长椅。

最适合收纳园艺工具

带收纳空间的花园长椅

可充分收纳花园工具等物品的带收纳空间的花园长椅。先从收纳部分开始制作。制作前板及侧板，并组装3面板。后板的撑木安装于侧板，后板固定于撑木，就完成了收纳部分的制作。接着，制作座板及背板，再同收纳部分拼接，整体就制作完成。背板后侧的木条平行于座板，从端部开始预固定背板的各木方。背板的各木方保持等间距排列，上端用曲线锯切割。

制作步骤

取材 → 前板和侧板的组装（拼接） → 后板的安装（拼接） → 设置底板 → 背板的安装（拼接） → 背板的曲线加工

打开座板，宽大的收纳空间。

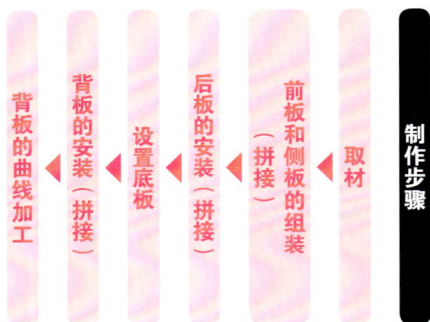

背板

500

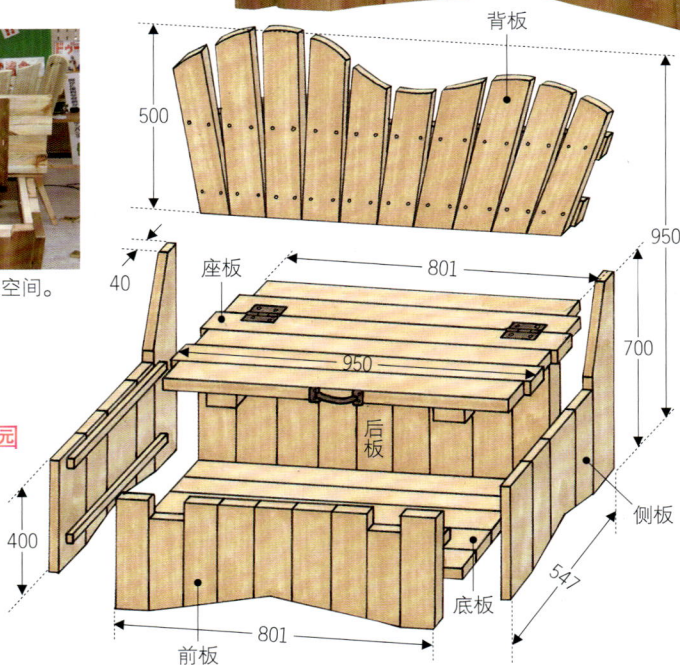

带收纳空间的花园长椅的展开图
*单位：mm

950

40
座板
801
700

950

后板

400

801
前板

座板

侧板

底板

547

使用的材料

2×6木方、2×4木方、1×4木方
木条（40mm×30mm）、合页、五金把手

取材表
*尺寸单位：mm

材料的种类	尺寸	数量	使用部分
2×6木方	400	4	侧板
2×4木方	365	2	座板的木条
2×4木方	400	13	前板、侧板
2×4木方	700	2	侧板
2×4木方	801	1	座板
2×4木方	945~955	5	座板
1×4木方	400	9	后板
1×4木方	600	10	背板
1×4木方	801	5	底板
1×4木方	1400	2	背板的撑木
木条（40×30）	450	4	侧板用
木条（40×30）	740	2	前板、后板下侧用
木条（40×30）	810	2	前板、后板上侧用

制作◎木村博明

可容纳两个成年人坐下的长椅。材料使用不易变形的南亚松合成材料。

制作关键是隐藏螺钉头部的暗钉技巧（参照142页）。使用9.5mm的钻头凿孔后打钉，再盖上木塞。

制作方法并不难，需要耐心的一件作品，制作完成后会觉得自己的制作水平大为提升。

此外，座板及侧板的尺寸、背板的角度等根据个人感觉进行调节，实现最佳舒适条件的原创长椅。

柔和曲线印象的
双人长椅

制作步骤 → 取材 → 座板下侧的前后撑木和贯板的加工（搭接）→ 撑木拼接于左右侧板的内侧（拼接）→ 侧板、座板及撑木的组装 → 背板的安装（暗钉）

双人长椅的展开图
＊单位：mm

背板

侧板

340
1215

330
45
300

座板
75
贯板
400
670
加强板

1215
450
75

撑木

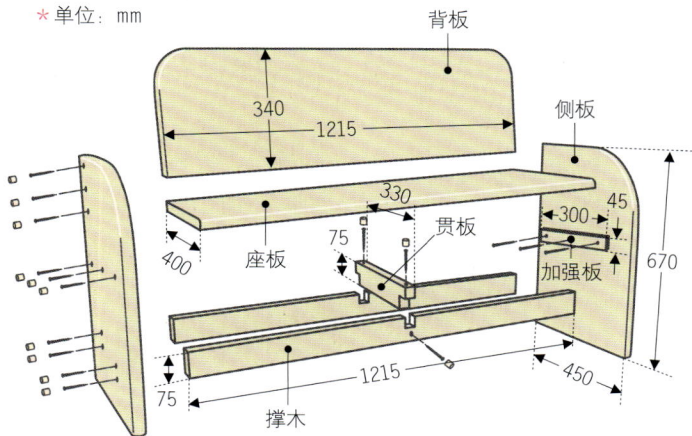

座板下侧的前后撑木和贯板完成。

双人长椅侧视图

193
22
372
393
100

使用的材料

南亚松合成材料、木塞

取材表

材料的种类	尺寸	数量	使用部分
南亚松合成材料（厚30mm）	670×450	2	侧板
南亚松合成材料（厚30mm）	340×1215	1	背板
南亚松合成材料（厚30mm）	400×1215	1	座板
南亚松合成材料（厚30mm）	75×1215	2	撑木
南亚松合成材料（厚30mm）	75×330	1	贯板
南亚松合成材料（厚30mm）	45×300	2	加强板

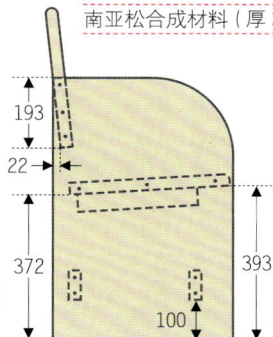

＊尺寸单位：mm

侧板、座板及撑木的组装状态。

制作◎山上一郎

一款满足你花园内手工生活的工作桌。欧美国家非常流行的花园家具。

制作方法简单，按照取材表对木材进行切割，再拼接组装，轻松快乐的即可完成。

首先，用2×4木方制作支撑桌面及下侧置物架的框架，再将4个支脚固定于此，组装成骨架。再用1×木方制作桌面、架板、小收纳，并拼接于2×木方制作的骨架。

桌面固定于框架之后，用曲线锯切割出自己喜欢的形状。固定桌面时，内侧及两端稍稍向外延伸会更容易切割。

1×木方的厚度为19mm，比全部使用2×木方制作要轻许多。不同材料间的相互弥补，实现平衡效果的作品。

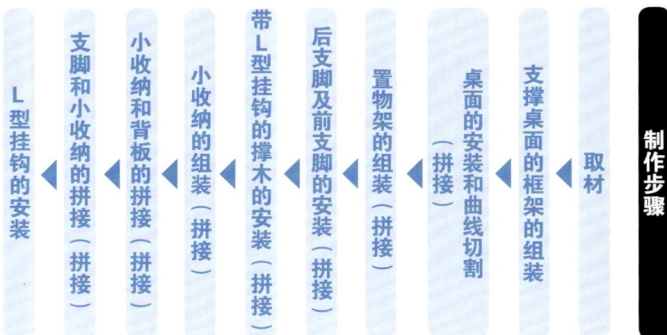

难易度　★★☆

028

乐享花园手工

花园工作桌

制作步骤

取材 → 支撑桌面的框架的组装 → 桌面的安装和曲线切割（拼接）→ 置物架的组装（拼接）→ 后支脚及前支脚的安装（拼接）→ 带L型挂钩的撑木的安装（拼接）→ 小收纳的组装（拼接）→ 小收纳和背板的拼接（拼接）→ 支脚和小收纳的拼接（拼接）→ L型挂钩的安装

制作◎白井扎

花园工作桌的展开图

＊单位：㎜

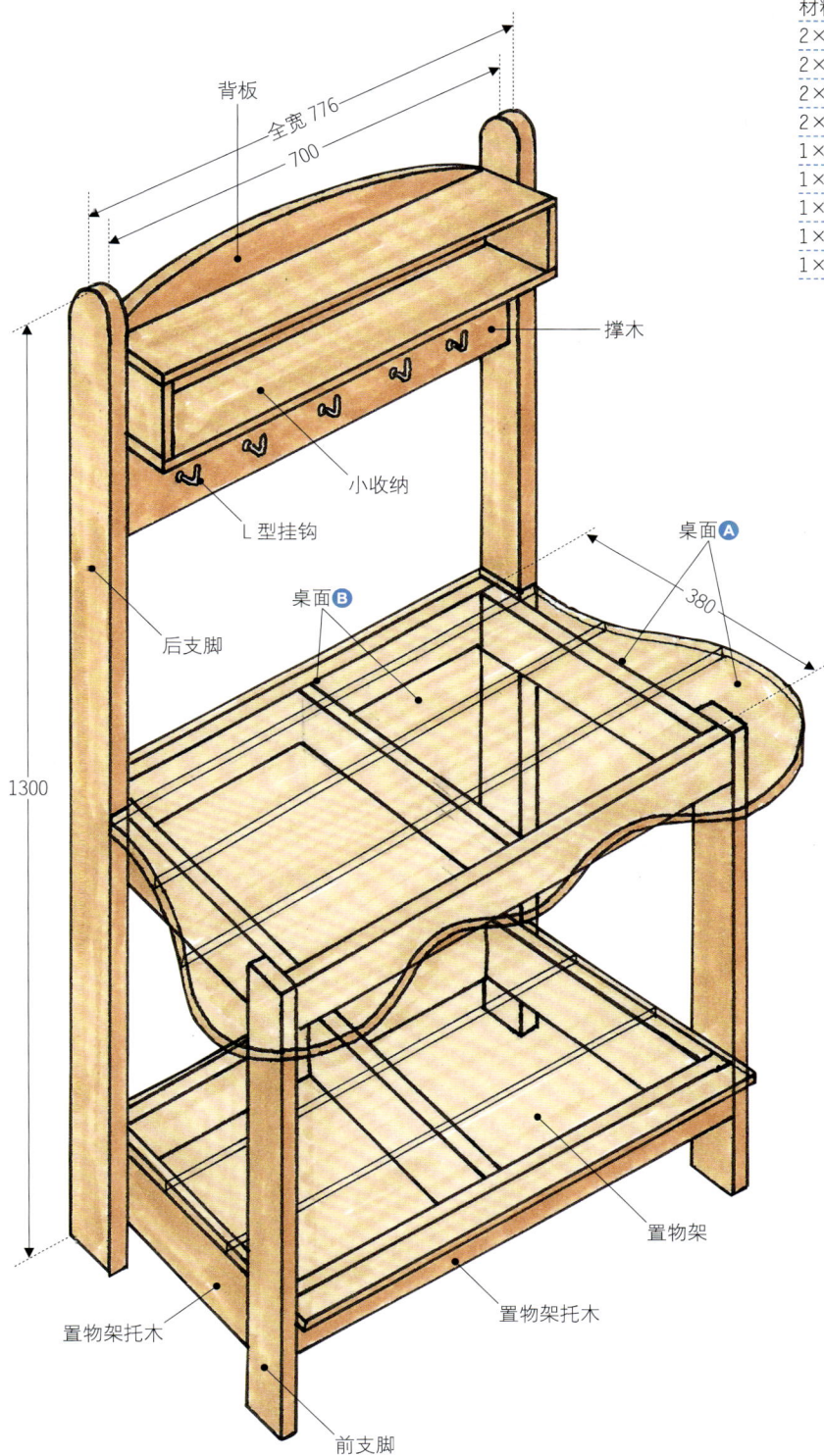

背板

全宽 776

700

撑木

小收纳

L 型挂钩

后支脚

桌面 B

桌面 A

380

1300

置物架

置物架托木

置物架托木

前支脚

使用的材料

2×4 木方、1×6 木方、1×4 木方

取材表

＊尺寸单位：mm

材料的种类	尺寸	数量	使用部分
2×4 木方	1300	2	后支脚
2×4 木方	750	2	前支脚
2×4 木方	700	6	置物架托木、桌面托木、背板、撑木
2×4 木方	380	6	置物架托木、桌面托木
1×6 木方	700	5	置物架、小收纳
1×6 木方对应实物	2		桌面（延伸部分）A
1×6 木方	140	2	小收纳侧板
1×4 木方对应实物	1		桌面（延伸部分）B
1×4 木方	700	1	桌面

成为桌面托木的框架。

桌面、置物架及 4 个支脚安装完成。

桌面安装于托木的框架。此时，曲线切割桌面。

小收纳、背板、撑木等安装完成。最后，将 L 型挂钩安装于撑木。

电脑桌

初学者也能轻松的

柔和曲线塑造出的高档质感电脑桌。支脚内侧可存放台式机的主机，所需空间因电脑尺寸的不同而有所差异，请根据个人情况确定此处尺寸。

拼接均使用木工胶水和细长螺钉，初学者也能轻松完成的作品。

直线部分用圆锯按尺寸切割。侧板和桌面的曲线部分先手工画出墨线，再用曲线锯对应墨线切割。1面切割完成后，以此为模具再切割另一面。

组装则从收纳空间的"箱体部分"开始。拼接面用胶水和细长螺钉。如果直接将螺钉打入，容易造成材料开裂，需要先开下孔，再将螺钉打入。

"箱体部分"完成后，按顺序拼接桌面、侧板、上置物架，贴上普通合成板制作的背板，组装过程结束。

涂装时用黑色水性涂料。

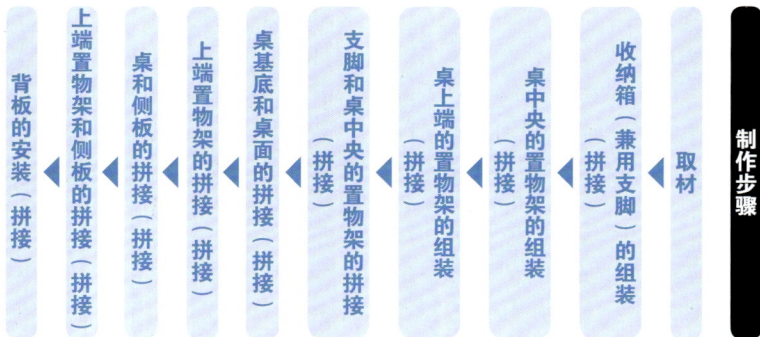

制作步骤

取材 ◀ 收纳箱（兼用支脚）的组装 ◀ 桌中央的置物架的组装 ◀ 桌上端的置物架的组装 ◀ 支脚和桌中央的置物架的拼接（拼接） ◀ 桌基底和桌面的拼接（拼接） ◀ 上端置物架的拼接（拼接） ◀ 桌和侧板的拼接（拼接） ◀ 上端置物架和侧板的拼接（拼接） ◀ 背板的安装（拼接）

制作◎番匠智香子

使用的材料

柳桉木芯板（厚18mm）
柳桉木芯板（厚15mm）、普通合成板（后3mm）

取材表
*尺寸单位：mm

材料的种类	尺寸	数量	使用部分
柳桉木芯板（厚18mm）	500×1600	2	侧板
	300×880	1	桌面 A
	760×880	1	桌面 B
柳桉木芯板（厚15mm）	250×800	4	支脚箱体
	250×190	2	支架置物架
	250×220	4	支架箱体
	250×320	2	中央箱体
	250×440	2	中央箱体
	150×800	2	上端箱体
	150×150	3	上端箱体
普通合成板（厚3mm）	350×440	1	背板、中央箱体
	220×830	2	背板、支架箱体
	180×880	1	背板、上端箱体

桌中央的置物架

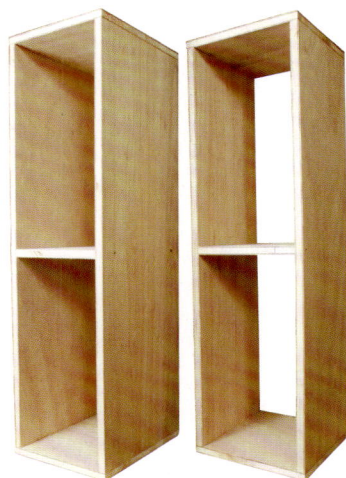

两侧支脚兼用收纳箱
的完成状态。

桌的基底完成状态。

桌面拼接于桌的基底和上端置物架。

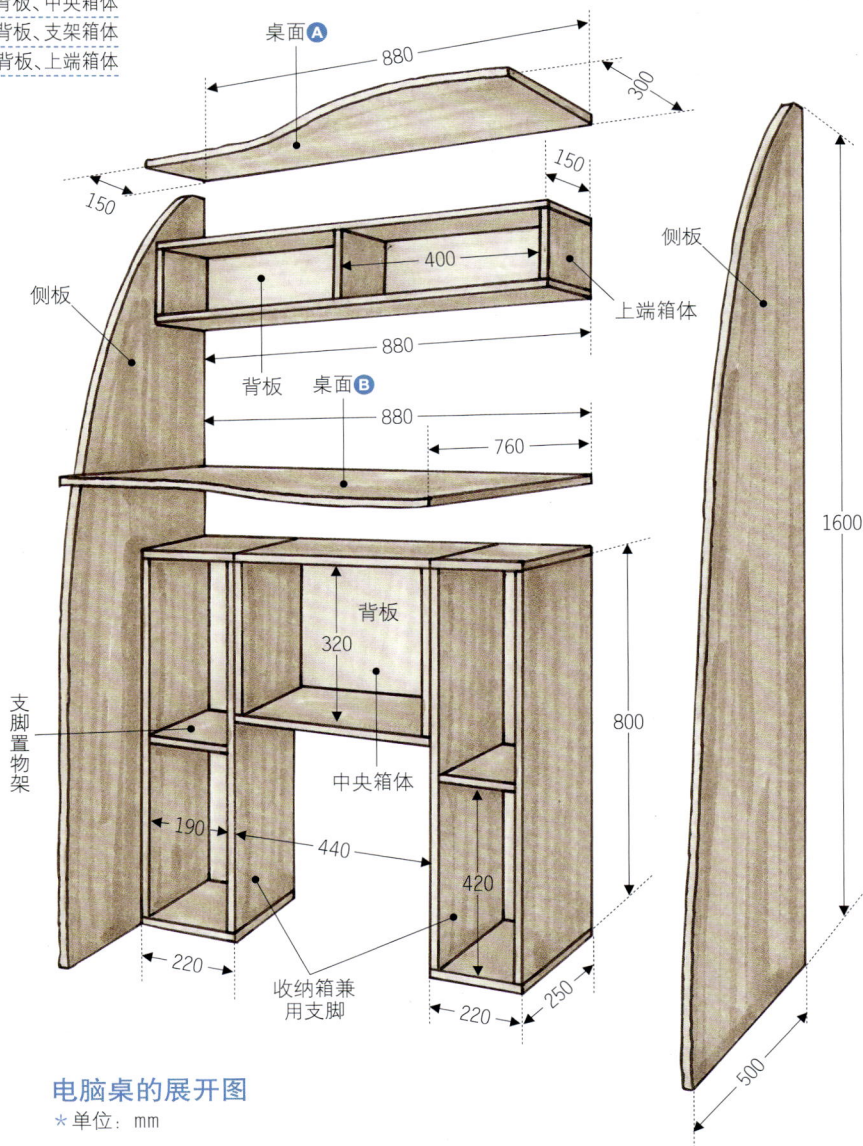

电脑桌的展开图
*单位：mm

桌面 A
880
300
150
150
侧板
400
上端箱体
880
背板　桌面 B
880
760
侧板
背板
320
支脚置物架
中央箱体
190
440
220
收纳箱兼用支脚
420
800
250
220
1600
500

一张板条制作成桌面
板条式角桌

030

制作步骤

边桌的组装（拼接） ◀ 双层置物架的安装（拼接） ◀ 桌本体的组装（拼接） ◀ 板条的取材

　　板条式角桌由 3 个部分组合而成。一个是桌本体，另一个是两层置物架，还有一个是边桌。制作时，也是按照本体、两层置物架及边桌的顺序进行。共需要准备 9 张板条。

　　制作的关键在于将板条支脚使用的 30mm 边角材料用于支撑桌面的托木。而且，重要位置需要安装同侧板呈直角的加强板，防止桌体松动。

　　两层置物架中，第一层置物架向外侧延伸，同托木错开 10cm 安装。第二层置物架从上方插入第一层的侧板。

　　边桌制作时，将桌面搭接于桌本体的端部，另一侧同竖立的侧边拼接。该边桌本体为托木支撑以外，其余部分均架设于板条的边角材料。

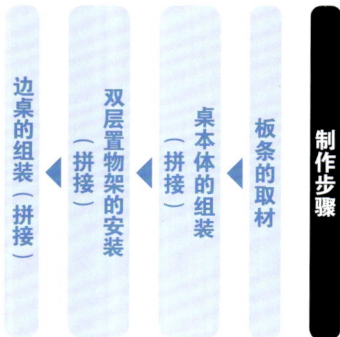

制作◎白井紅

板条式角桌的展开图

＊单位：mm ＊所有板条的差异影响各部分尺寸

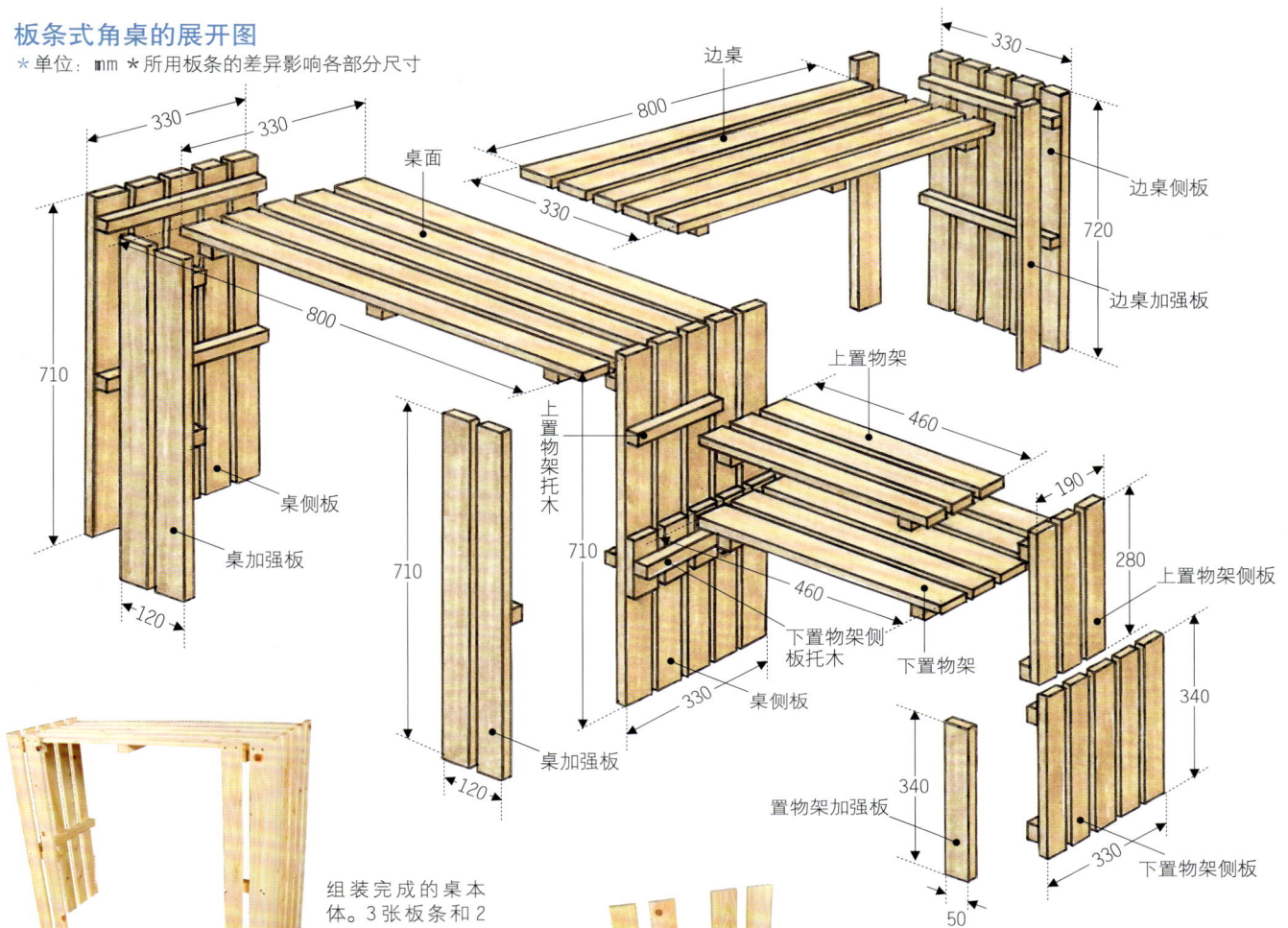

边桌

桌面

330

800

330

330

330

边桌侧板

720

边桌加强板

710

上置物架

460

桌侧板

190

桌加强板

上置物架托木

120

710

280

上置物架侧板

710

460

下置物架侧板托木

下置物架

桌侧板

340

330

置物架加强板

组装完成的桌本体。3张板条和2张加强板，共计5个零件。

桌加强板

120

340

330

下置物架侧板

50

使用的材料

板条（10mm×330mm×800mm） ＊板条支脚厚 30mm

取材表

＊尺寸单位：mm

材料的种类	尺寸	数量	使用部分
板条	800×330	1	桌面
板条	710×330	2	桌侧板
板条	710×120	2	桌加强板
板条	460×190	1	上置物架
板条	280×190	1	上置物架侧板
板条（边角材料）	190	1	上置物架托木
板条	460×330	1	下置物架
板条	340×330	1	下置物架侧板
板条（边角材料）	330	1	下置物架侧板托木
板条	340×50	1	置物架加强板
板条	800×330	1	边桌桌面
板条	720×330	1	边桌侧板
板条	720×50	2	边桌加强板

＊下置物架的桌侧的托木如插图及照片所示，用于拼接支脚

桌本体的加强板。

从两层置物架看向整体。

从背面看向整体。

制作步骤

- 取材
- 侧板的加工
- 背板架、架板及侧板的拼接（拼接）
- 框架的组装（拼接）
- 框架和侧板的拼接

倾斜放置的整理架，可放在桌子的边上。材料拼接均使用螺钉，适用初学者。

取材处侧板以外，均直线切割。侧板切割成745mm长，底边画300mm墨线，上边画200mm墨线，再切割。于是，侧板竖直摆放时，内侧自然形成倾斜角度。

组装架体时，首先保证满足A4、B4尺寸书籍、文件等放置空间，再用螺钉拼接。

此外，支撑架体的框架使用2×4木方，用75mm螺钉拼接。

A4 B4 文件整理架

倾斜角度使用更方便

使用的材料

2×4 木方、合成材料（厚 15mm）

取材表　　　　　*尺寸单位：mm

材料的种类	尺寸	数量	使用部分
2×4 木方	600	4	纵向框架
2×4 木方	100	4	横向框架
合成材料(15mm 厚)	300×745	2	侧板
合成材料(15mm 厚)	230×580	1	上置物架
合成材料(15mm 厚)	280×580	1	下置物架
合成材料(15mm 厚)	150×580	2	背板

A4B4 文件整理架
*单位：mm

200

侧板

背板（150×580）

745

上置物架（230×580）

背板（150×580）

纵向框架

600

600

下置物架（280×580）

300

纵向框架

横向框架

100

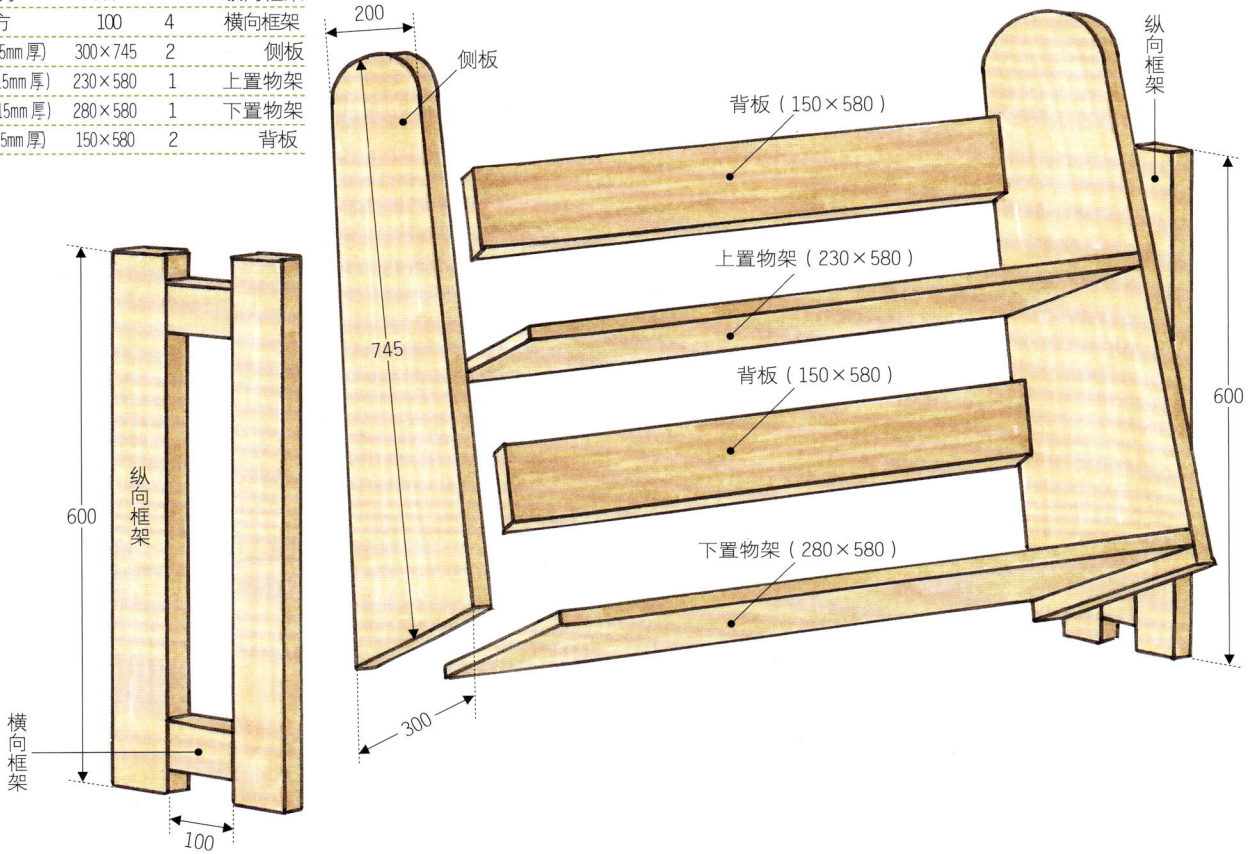

拼接于两侧的框架，以此支撑架体。

用卡具固定，找到框架的安装位置。

安装背板。

左右侧板和上行侧板的拼接状态。放上书等，确定架体的位置。

使用的材料为厚12mm、宽200mm、长1820mm的杉木。价格比较便宜，且容易购买的材料。当然，如果有松木合成材料，也可以使用。

　　组装均使用螺钉。为了防止材料开裂，尽可能用2mm左右的钻头开下孔后打钉。

　　而且，关于拼接位置的确定，安装前应在正确位置画出墨线，方便组装。

　　此外，书架的高度适用平装书即可，按图中所示制作。如有特殊需要，可进行适当改造。

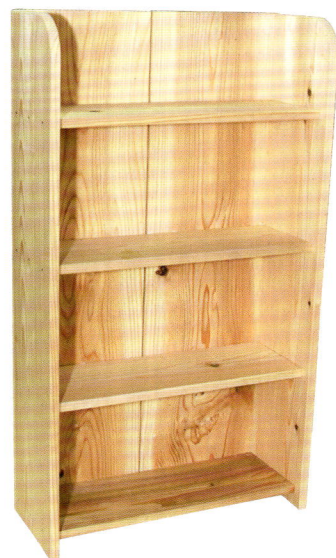

大容量的平装100册书架

制作完成的平装100册书架。可根据个人需要，适当调节尺寸。

制作步骤

- 取材
- 单边侧板和最下层的架板的拼接（拼接）
- 最上层架板的安装（拼接）
- 中间两个架板的安装（拼接）
- 剩余一边侧板的安装（拼接）
- 背板的安装（拼接）

制作◎白井红

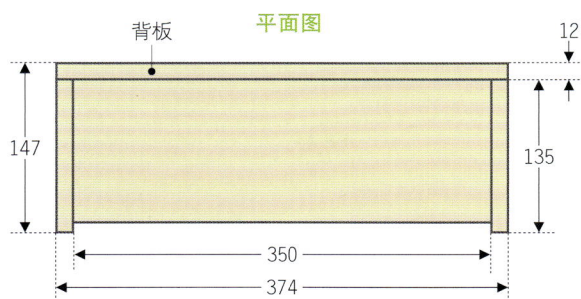

平面图

背板

12

147

135

350

374

使用的材料

杉木板（厚 12mm）

取材表　　　　　　　　＊尺寸单位：mm

材料的种类	尺寸	数量	使用部分
杉木板（厚 12mm）	680×135	2	侧板
杉木板（厚 12mm）	660×187	2	背板
杉木板（厚 12mm）	350×125	4	架板

平装 100 册书架的展开图
＊单位：mm

正视图

132

12

架板

160

12

160

12

160

12

20

侧板

680

350

374

侧视图

132

12

侧板

160

12

160

12

160

12

20

背板

680

125

135

147

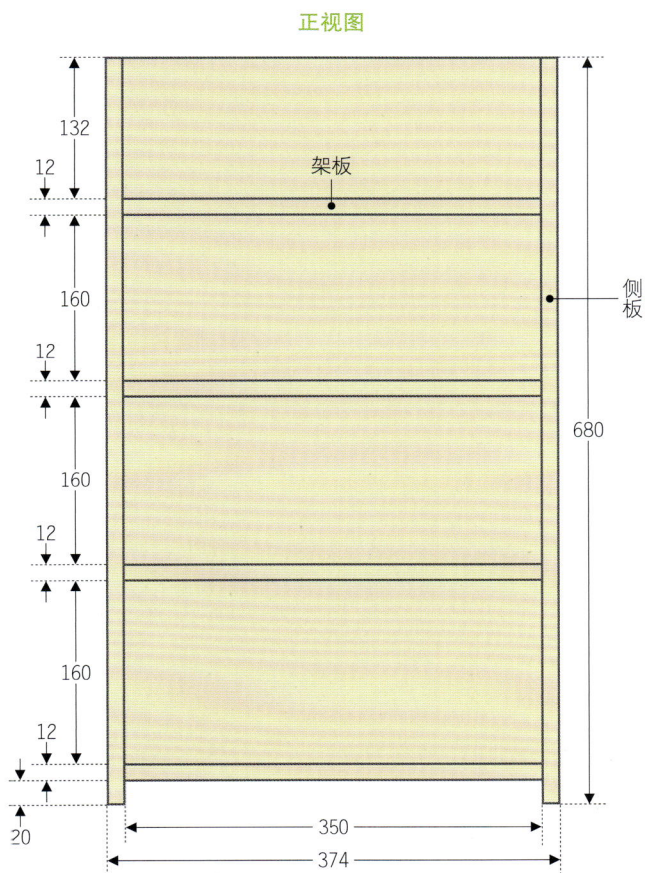

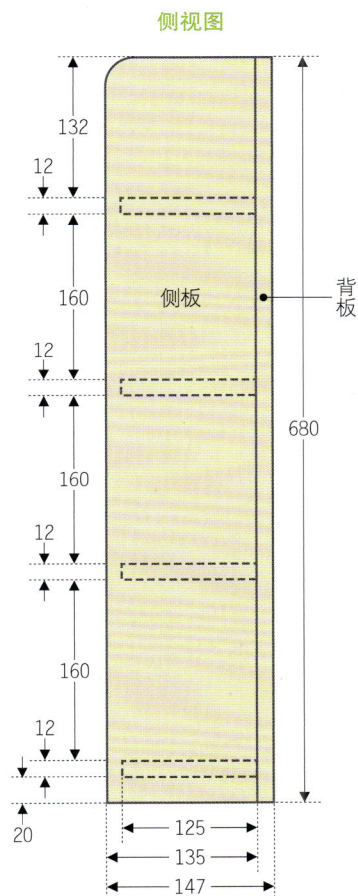

刚开始，将最上层和最下层的架板安装于一边侧板。

中层架板拼接完成后，安装另一边侧板。

安装背板。

难易度 ★★☆
SIMPLE WOOD WORKS★BEST SELECTION★WOOD WORKS★

033

趣味的台阶状
书架

制作步骤

取材
▼
一边侧板和架板的拼接
（暗钉）
▼
另一边侧板的安装
（暗钉）
▼
后板的安装
（暗钉）
▼
背板的安装（拼接）

制作完成的书架

将喜爱的书存放于书架中。使用杉木板和合成板制作而成。

特点是越底层越放大空间的台阶状布局。最底层不仅能够放书，还能存放图册或小物件等。台阶状的设计，非常有趣。

制作方法非常简单。首先，按取材表准备材料，切割合成板。在侧板及后板和架板的拼接位置开凿下孔，从下孔将螺钉打入后板及架板，再拼接背板，书架就制作完成。完成后用砂纸打磨，使成品效果更佳。

此外，侧板、架板、后板的拼接采用暗钉方法（参照 142 页）。

制作◎白井扎

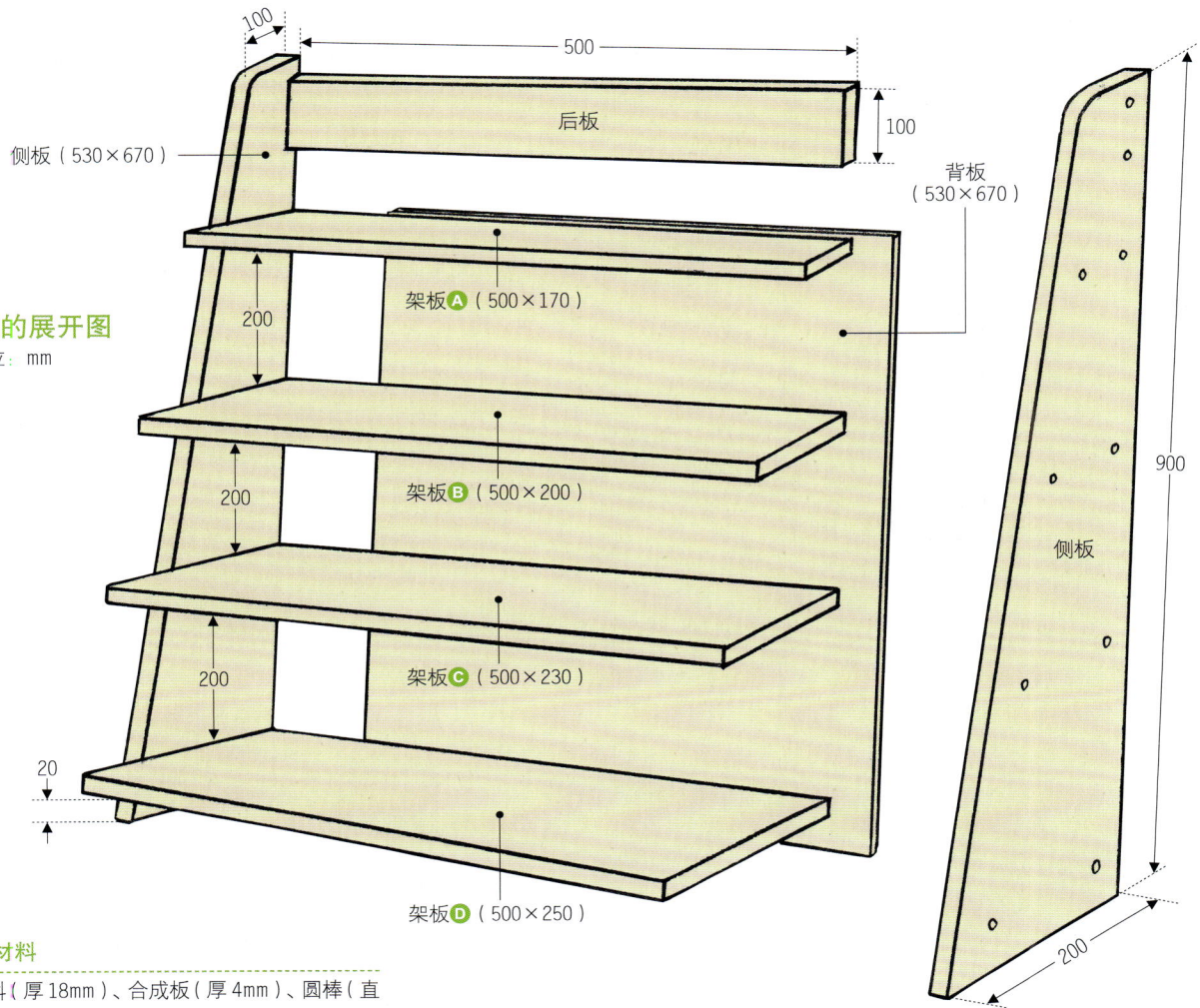

书架的展开图
＊单位：mm

100
500
100
后板
侧板（530×670）
背板
（530×670）
200
架板A（500×170）
900
200
架板B（500×200）
侧板
200
架板C（500×230）
20
架板D（500×250）
200

使用的材料
合成材料（厚18mm）、合成板（厚4mm）、圆棒（直径8mm）

取材表 ＊尺寸单位：mm

材料的种类	尺寸	数量	使用部分
合成材料（厚18mm）	500×100	1	后板
合成材料（厚18mm）	500×170	1	架板A
合成材料（厚18mm）	500×200	1	架板B
合成材料（厚18mm）	500×230	1	架板C
合成材料（厚18mm）	500×250	1	架板D
合成材料（厚18mm）	900×200	2	侧板
合成板（厚4mm）	530×670	1	背板

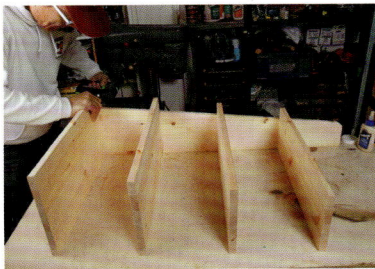

架板拼接于一边侧板的状态。

正在安装背板。

安装另一边侧板，再安装完成后板的状态。

难易度
★★☆

男人的小娱乐收纳其中
飞镖箱

034

对应直径 32cm 的普通飞镖盘制作的飞镖箱。除了飞镖盘，还可以将酒瓶等放在里面，只要注意箱体的尺寸调节。

基本上就是制作一个带门页的小箱子的感觉。关键在于，按照取材表将合成材料正确切割。

拼接均采用隐藏螺钉头部的暗钉方法（参照 142 页）。此外，门页的合页和小拉手尽可能选择适合整体氛围的类型。五金件也是决定作品整体印象的关键要素。

制作步骤

取材

▼

背板、顶板、侧板、底板的拼接（暗钉）

▼

门页的安装（合页拼接）

▼

门页拉手、磁吸的安装

▼

飞镖座的安装（粘合）

制作◎白井纮

安装飞镖座。

箱体完成后，用合页安装门页。

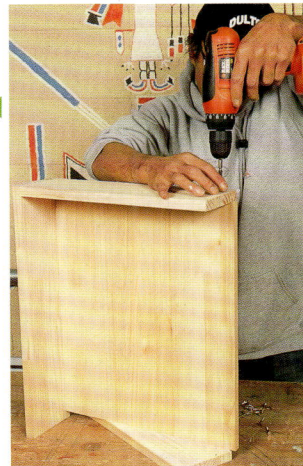

完成后，关闭门页的状态。

安装闭合门页的磁吸。

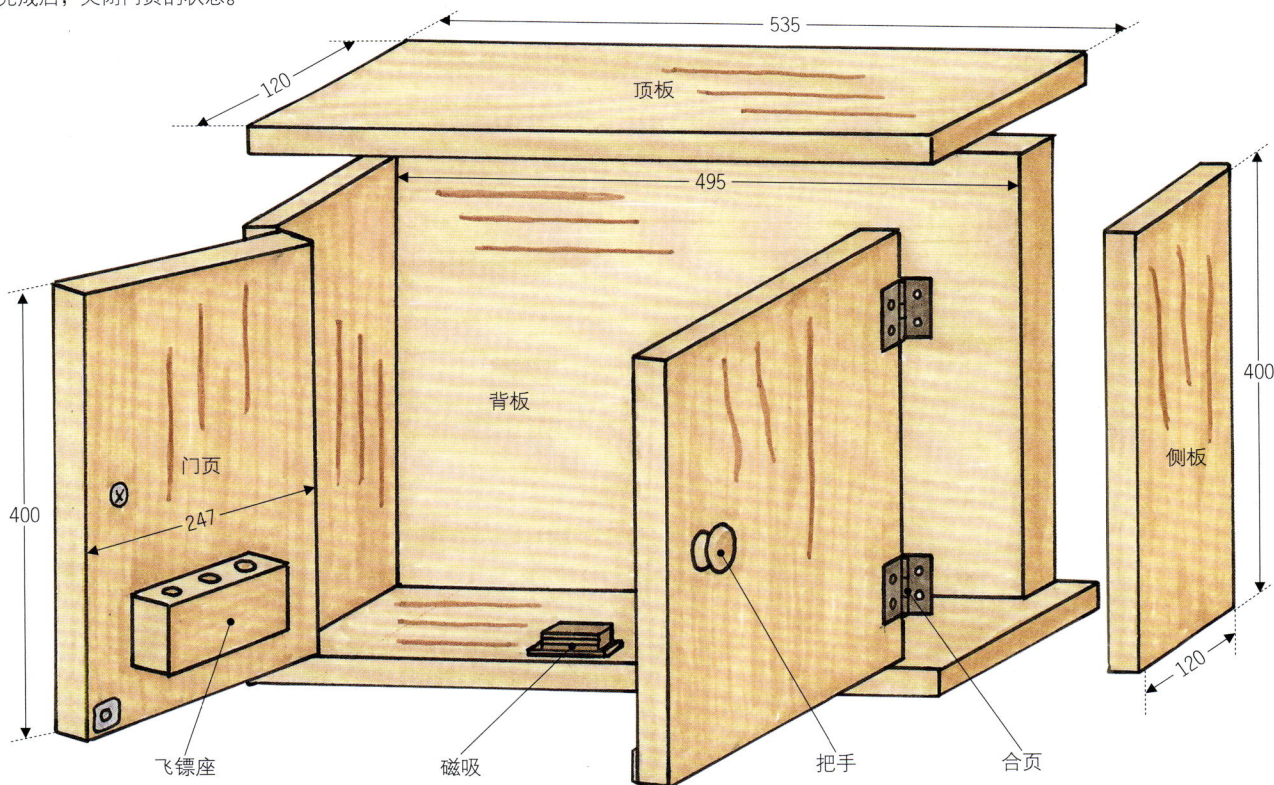

将成品木拉手安装于门页。

安装背板、顶板、侧板及底板。

顶板

535

120

495

背板

门页

247

400

400

120

侧板

飞镖座

磁吸

把手

合页

飞镖箱的展开图
＊单位：mm

使用的材料

合成材料（厚20mm）、合成材料（15mm）、销钉（圆棒）、合页、磁吸、木制拉手

取材表

材料的种类	尺寸	数量	＊尺寸单位：mm 使用部分
合成材料（厚20mm）	120×400	2	侧板
合成材料（厚20mm）	120×535	2	顶板、底板
合成材料（厚20mm）	55×130	1	飞镖座
合成材料（厚15mm）	400×495	1	背板
合成材料（厚15mm）	247×400	2	门页

合成板容易给人松软的印象，其实也有例外。12mm、15mm、18mm 等较厚的合成板就很结实，完全可以制作出美观实用的木工作品。

本作品就是一款使用非常受欢迎的椴木合成板（厚15mm）制作而成的鞋架。外形的加工使用圆锯（手锯），开窗（内侧开孔的加工，参照 139 页）使用曲线锯。而且，没有复杂的边角加工。

前板和后板的拼接也是斜面安装，只要使用合页就非常简单。对应上架板的高度预固定下架板，或者使用鞋子等确定空间。

鞋架

椴木合成板制作而成

制作步骤

用曲线锯在后板及前板侧开窗（开孔）

↓

后板和前板的拼接（合页拼接）

↓

下架板水平预固定

↓

上架板水平确定高度（松开下架板）

↓

架板托木的安装（拼接）

↓

下架板的固定（拼接）

↓

后板边角的装饰切口

制作◎白井纮

后板的顶部边角加上装饰切口（使用曲线锯）。

完成状态。

安装下架板。上架板的托木也拼接完成。

用合页拼接前板和后板。为了增加强度，使用 3 个合页。

后板垂直立起，前板倾斜状态搭接架板，确定上架板的高度，预固定下架板。

用曲线锯开窗加工椴木合成板。

鞋架的取材　＊单位：mm

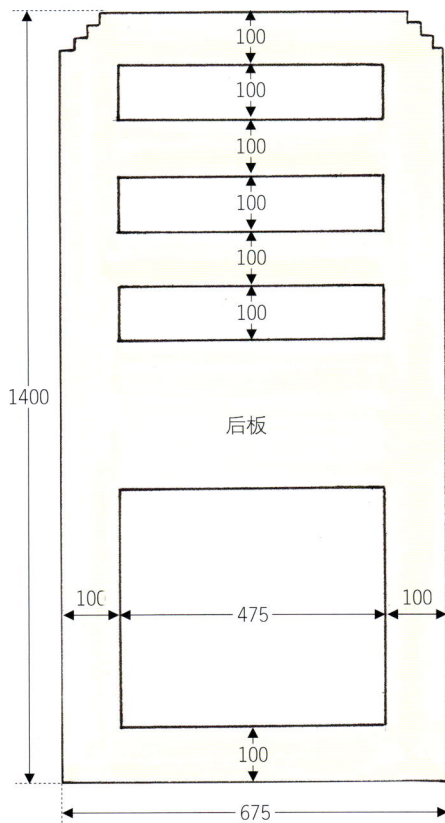

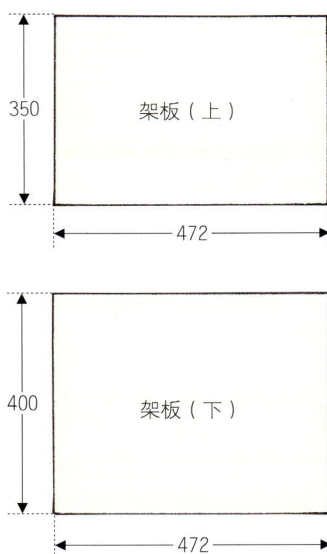

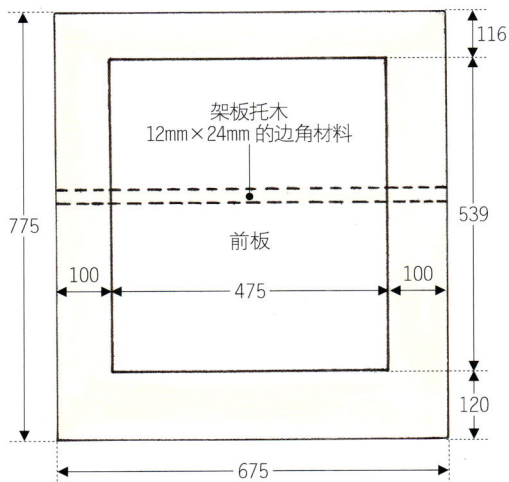

后板

100
100
100
100
100
100
100

100　　475　　100

100

675

1400

架板（上）

472

350

架板（下）

472

400

前板

架板托木
12mm×24mm 的边角材料

116

539

120

100　　475　　100

675

775

使用的材料

椴木合成板（厚15mm）、12mm×24mm 的边角材料、合页

取材表　＊尺寸单位：mm

材料的种类	尺寸	数量	使用部分
椴木合成板（厚 5mm）	675×1400	1	后板
椴木合成板（厚 15mm）	775×675	1	前板
椴木合成板（厚 15mm）	350×472	1	上架板
椴木合成板（厚 15mm）	400×472	1	下架板
边角材料（12mm×24mm）	675	2	架板托木

055

衣架 改善自己的收纳环境

制作步骤

撑木的取材

前后撑木侧开凿固定圆棒的开孔

后面骨架的组装（暗钉）

前面骨架的组装（暗钉）

用撑木拼接撑木前后的骨架（暗钉）

嵌入圆棒，拼接前面

2×2木方组合成框架结构的衣架。吊架使用圆棒，方便挂衣架。圆棒两端固定于2×2木方（撑木）的钻头开孔中（25mm），圆棒嵌入开孔中拼接。

骨架的拼接使用50mm螺钉，螺钉的头部使用暗钉（参照142页）。

吊架除了可以挂领带、皮带等，2×2撑木的边角侧还可以挂帽子或包袋等，使用方便。中层和下层的撑木还能添加架板或挂钩等，使用方法多样。

制作◎TOP　编辑部

嵌入圆棒（直径24mm），
安装完成前面骨架。

制作完成。
拼接均为暗钉。

前面骨架组装完成的状态。

将连接后面和前面的撑木拼接于后面骨架。

拼接嵌入圆棒的撑木一边和支脚（后面）。

拼接中层及下层的撑木（后面）。

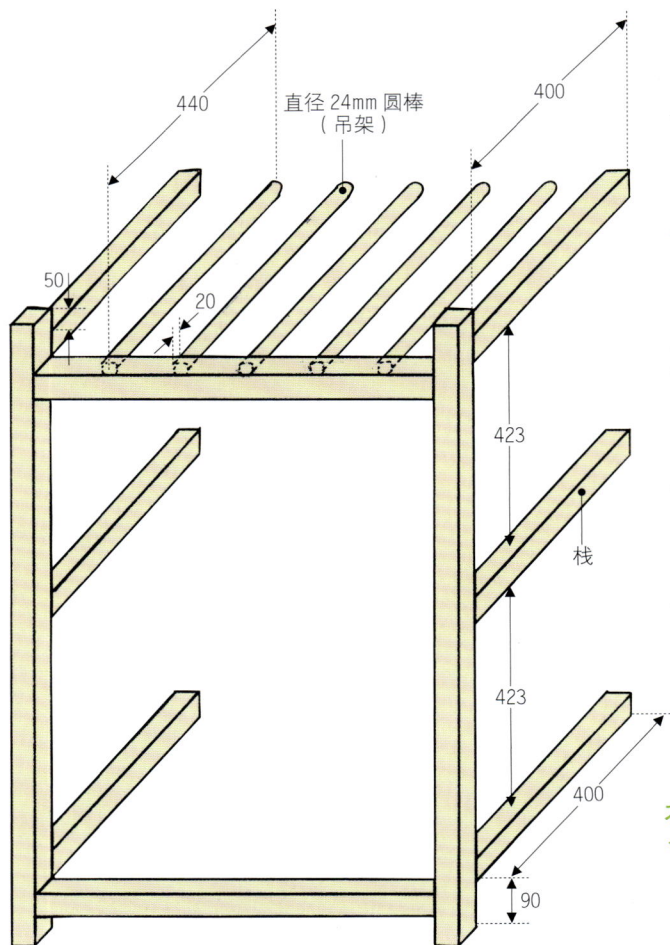

直径 24mm 圆棒
（吊架）

440

400

50

20

423

栈

423

400

90

衣架的展开图
*单位：mm

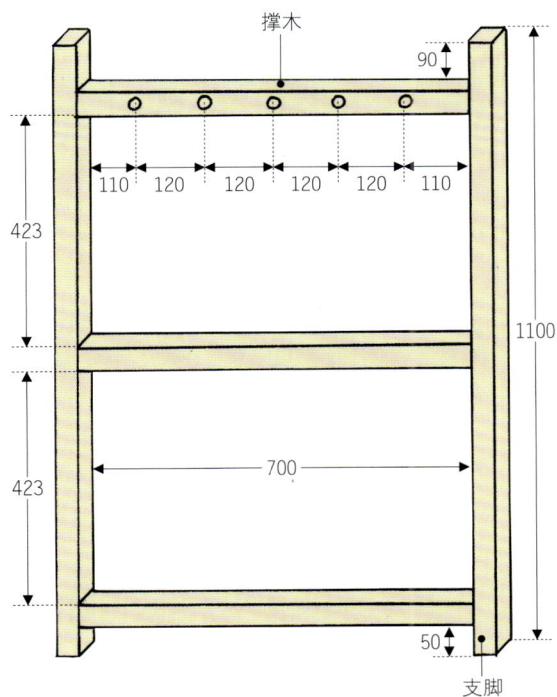

撑木

90

110 120 120 120 120 110

423

423

700

1100

50

支脚

使用的材料

2×2 木方、圆棒（直径 24mm）、圆棒（直径 9mm）

取材表

*尺寸单位：mm

材料的种类	尺寸	数量	使用部分
2×2 木方	1100	4	支脚
2×2 木方	700	5	撑木
2×2 木方	400	6	撑木
圆棒（直径24mm）	440	5	吊架

1×4木方为基板，庭院树木中折取的树枝为衣钩（图片中为栗木树枝）。树枝形状保持原有的自然形态，弯曲或笔直都行。图片中的树枝还包裹着树皮，这样使用也可以。

关键是用于拼接的木螺钉的头部如何隐藏。为了固定树枝，需要从板材的背面打钉。其次，将板材固定于墙面时，用"盖帽"将螺钉的头部盖住隐藏。

037

难易度 ★☆☆

SIMPLE WOOD WORKS ∗ BEST SELECTION ∗ WOOD WORKS

衣钩

1×4木方和小树枝制作的

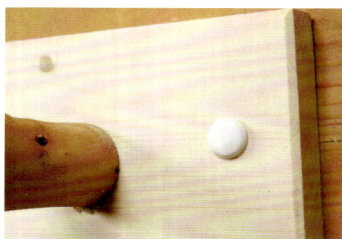

为了隐藏打入墙内的螺钉的头部，用"盖帽"盖住。

用螺钉固定于墙面。如果有水平仪，可先确定水平位置。

从1×4木方的背面用65mm螺钉拼接小树枝。

衣钩的展开图
∗单位：mm

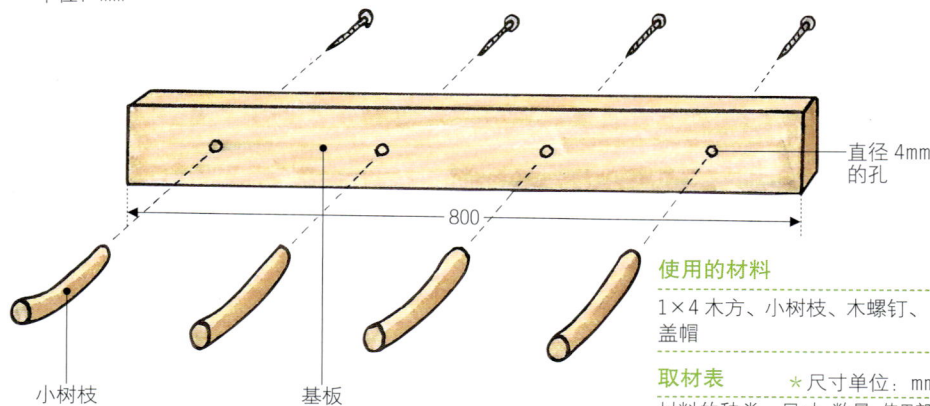

直径4mm的孔

800

小树枝

基板

使用的材料
1×4木方、小树枝、木螺钉、盖帽

取材表　　∗尺寸单位：mm

材料的种类	尺寸	数量	使用部分
1×4木方	800	1	基板
小树枝	100	4	衣钩

制作步骤

木方和小树枝的取材
（将小树枝的树皮剥去，斜向加入切口）
▼
木方和小树枝的拼接
（拼接）
▼
固定于墙壁（拼接）
▼
盖帽隐藏螺钉头部

翼形架

曲线加工成展翼的小鸟

从前方看，就象展翼的小鸟。

将置物架的托木加工成小鸟形状。底部穿入真空圆棒，用作挂架。

用盖帽隐藏螺钉头部。

制作步骤

挂架（真空管）的安装 ◀ 用木螺钉盖帽隐藏螺钉头部 ◀ 架板的托木和架板固定于墙面（拼接） ◀ 架板的托木和「小鸟」的加工 ◀ 切割成架板的形状 ◀ 架板的弯曲加工 ◀ 拼接3层椴木合成板

3张椴木合成板弯曲加工，制作成小鸟展翼般的置物架。曲线加工时，使用夹具、基座、挡木、木工胶水。支撑置物架的托木使用柔软的材质加工而成。中央为小鸟的形状，可涂装成喜欢的颜色。用角托固定于墙面，放上架板，用螺钉固定。而且，角托应该隐藏于架板的托木中。"小鸟"的下方插入真空管，作为挂架。

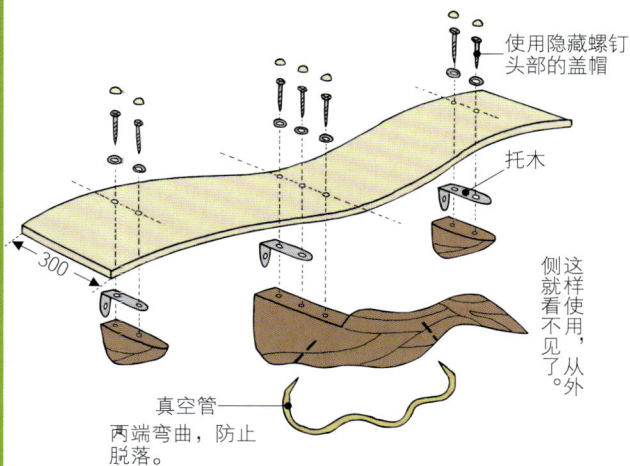

使用隐藏螺钉头部的盖帽

翼形架

托木

300

这样使用，从外侧就看不见了。

真空管丙端弯曲，防止脱落。

使用的材料

椴木合成板、松木、真空管、托木

取材表
*尺寸单位：mm

材料的种类	尺寸	数量	使用部分
椴木合成板（厚2.3mm）	300×900	3	架板
松木边角料（厚25mm）	对照实物切割	3	架板的托木

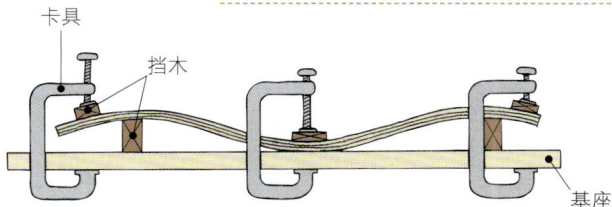

卡具

挡木

基座

用木工胶水粘合，固定后定型。

整张 9mm 厚的椴木合成板制作的报刊架。带限位的两层架板固定于两边侧板的简单结构。为了使杂志等安稳摆放，背板倾斜设计。而且，9mm 合成板较薄，螺钉固定时应巧妙用力。

左右对称组合，确保左右侧板的螺钉位置不会产生松动。拼接使用细长螺钉（30mm），并用木塞隐藏螺钉头部（暗钉，参照 142 页）。

039

取用方便的

报刊架

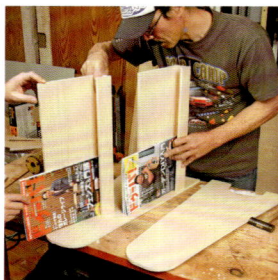

最后的侧板安装。试着摆放杂志，确定按照位置。

使用的材料

椴木合成板（厚 9mm）、圆棒（直径 8mm）

取材表　　　　　＊尺寸单位：mm

材料的种类	尺寸	数量	使用部分
椴木合成板（厚 9mm）	620×300	2	侧板
椴木合成板（厚 9mm）	470×200	2	背板
椴木合成板（厚 9mm）	470×50	2	架板
椴木合成板（厚 9mm）	470×50	2	限位

报刊架 A 的展开图
＊单位：mm

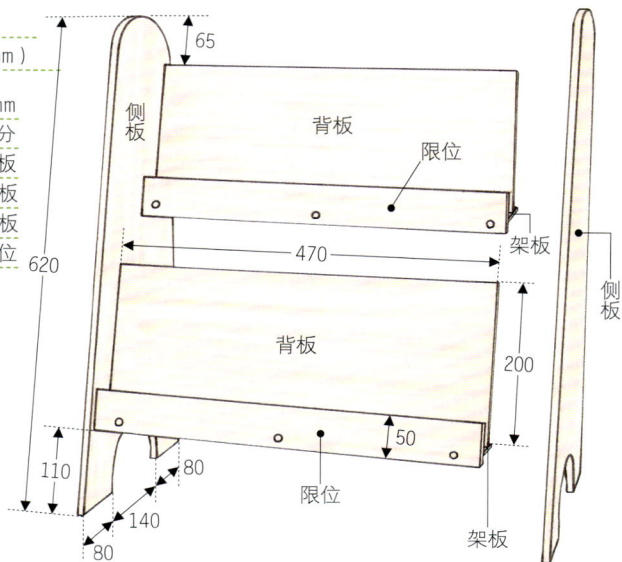

65

侧板

背板

限位

470

架板

620

背板

200

50

110

80　140　80

限位

架板

侧板

侧板

制作步骤

取材

↓

侧板的加工

↓

背板和限位板侧板制作直径 8mm、深 5mm 的开孔

↓

架板和限位板的拼接（暗钉）

↓

背板和架板的拼接（暗钉）

↓

侧板的安装（暗钉）

取材

安装圆棒的开孔

圆棒的安装

合成材料与直径 10mm、12mm 的圆棒制作的报刊架。关键是确保圆棒垂直穿入，开孔所用的钻头比圆棒直径小 1mm。开孔稍小，圆棒就不容易松脱。而且，为了保证所有钻孔深度一致，需要在钻头前端包裹彩色胶带。

圆棒穿入合成材料时，用锤子将圆棒前端稍稍敲扁。而且，开孔时，合成材料的下面垫上边角板，减少木屑飞溅。

难易度 ★ ☆ ☆

040

3 种材料制作的

简单报刊架

使用的材料

合成材料（厚 15mm）、圆棒（直径 12mm 和直径 10mm）

取材表

*尺寸单位：mm

材料的种类	尺寸	数量	使用部分
合成材料（厚 15mm）	400×265	1	背板
合成材料（厚 15mm）	150×265	1	前板
圆棒（直径 12mm）	225	2	前板和背板的连接
圆棒（直径 10mm）	95	3	前板和背板的连接
圆棒（直径 10mm）	105	2	前板和背板的连接

从下侧看。正中间的 3 根短圆棒贯穿合成材料。

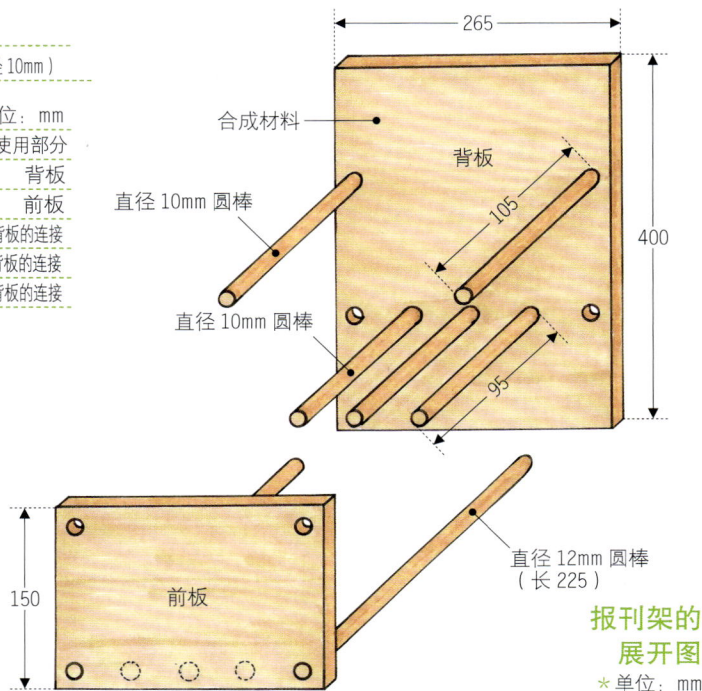

合成材料

背板

直径 10mm 圆棒

直径 10mm 圆棒

105

95

265

400

前板

150

直径 12mm 圆棒（长 225）

报刊架的展开图
*单位：mm

乐趣收纳方式
壁挂式 CD 架

架体的组装使用圆螺钉。紧固螺钉后，最好隐藏螺钉头部。

架体部分使用1×6木方切割成120mm宽度。架体之间按平行角度安装。

将CD套放置于卡槽，用于装饰。

制作步骤

CD 临时卡槽的安装
（拼接／压钉器）

◀

架板安装于基板
（拼接）

◀

架板的组装
（拼接／压钉器）

◀

取材

　　4 组架板斜向固定于长 1800mm 的木方，制作成简单的壁挂式 CD 架。每组架板可收纳 28 张 CD。左端还有一个卡槽，可将正在播放的 CD 套临时放置于此。

　　制作的关键是正确切割及倾斜布置架板（1×6 木方切割成 120mm 宽度），以及确保每组架板按相同倾斜角度安装。"临时卡槽"则将 1×6 木方切割成 120mm 宽度，用卡具及夹具固定，嵌入 CD 部分用圆锯加工 4 ~ 5 次开槽。

　　此外，安装架板及架板的侧板时，螺钉打入后，再用"压钉器"埋入螺钉头部。同样，这也是一种暗钉的方法。

壁挂式 CD 架的展开图
＊单位：mm

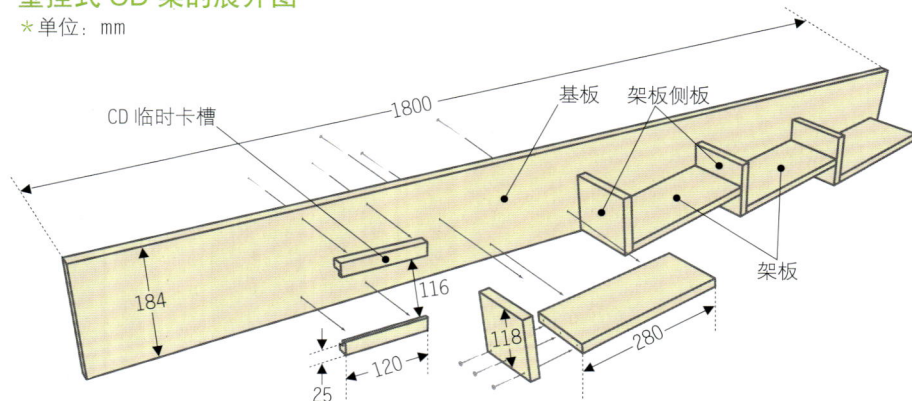

CD 临时卡槽　　1800　　基板　架板侧板

184

116

120

25

118

280

架板

使用的材料

1×8 木方、1×6 木方

取材表　　　　　　＊尺寸单位：mm

材料的种类	尺寸	数量	使用部分
1×8 木方	1800	1	基板
1×6 木方（切割成 120mm）			
	118	4	架板侧板
1×6 木方（切割成 120mm）			
	280	4	架板
1×6 木方（切割成 120mm）			
	25	2	CD 临时卡槽

制作◎D.PARADISE

伞架

使用成托盘制作的

巧妙利用铝制托盘创意制作的伞架。图片中使用的是 200mm × 256mm 的铝制托盘，作品的尺寸也与其相对应。所以，可根据自己购得的托盘大小进行尺寸调节。取材时仔细对照托木尺寸和材料，确保切割长度的准确性。

材料为木条。支脚同其他撑木拼接位置开下孔，用螺钉准确拼接。下孔用圆棒隐藏螺钉（暗钉，参照 142 页）。最后，放上托盘。

制作步骤

取材

↓

支脚和各撑木的拼接（暗钉）

↓

放入铝制托盘

使用的材料

木条（30mm×40mm）、
铝制托盘（200mm×256mm）、圆棒（直径8mm）

取材表　　　　※尺寸单位：mm

材料的种类	尺寸	数量	使用部分
木条（30mm×40mm）	196	4	上撑木 A、下撑木 A
木条（30mm×40mm）	250	4	上撑木 B、下撑木 B
木条（30mm×40mm）	600	4	支脚

伞架的展开图

※单位：mm

铝制托盘
（200×256）

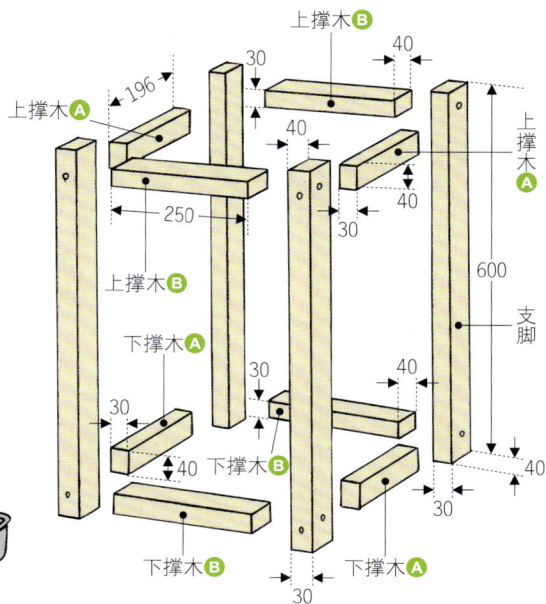

上撑木 A　196
上撑木 B
40
40
30
250
40
40
30
30
上撑木 B
下撑木 A
30
30
40
下撑木 B
40
上撑木 A
600
支脚
40
30
下撑木 B
下撑木 A
30

支脚和各撑木的安装。稍有偏移就会造成整体形状歪斜，一定要准确拼接。

拼接各撑木时，注意打入的螺钉间不能出现干涉。

释放衣柜空间的 节省空间的衣架

宽 400mm × 高 80mm 的衣架。材料为 5.5mm 厚的椴木合成板。特点是挂钩部分陷入本体内侧的独特设计。挂钩节约的长度可使所挂的衣物相应上移，节约了底部空间。

材料使用 2 张椴木合成板。粘合部分使用木工胶水，再用卡具夹紧，用曲线锯在中央开 50mm 直径的半圆，并将挂钩固定于半圆的中心。

节约空间的衣架的展开图 ＊单位：mm

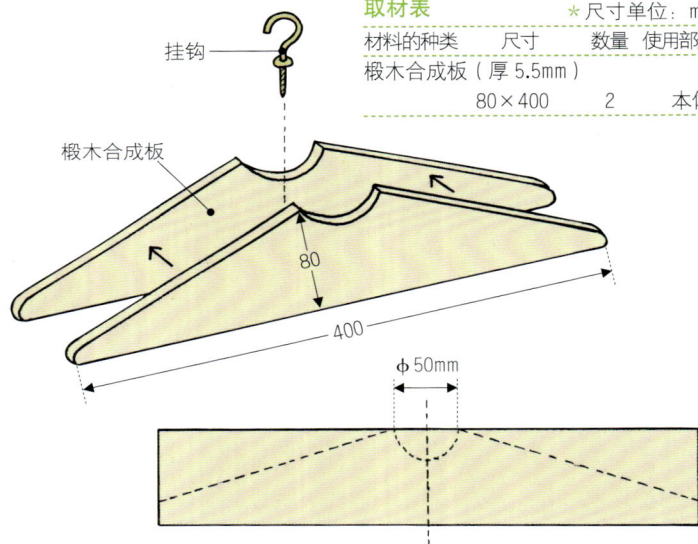

挂钩

椴木合成板

80

400

φ50mm

A

节省 A 部分的空间。

对比市场售卖的衣架（右），脱钩节省的空间能在衣柜中发挥大作用。

使用的材料

椴木合成板（厚 5.5mm）、挂钩

取材表 ＊尺寸单位：mm

材料的种类	尺寸	数量	使用部分
椴木合成板（厚 5.5mm）			
	80×400	2	本体

制作步骤

粘合 2 张椴木合成板

↓

取材

↓

安装挂钩

制作◎绳文人

電動工具取扳説明書 ↓

纵向切割的边角材料循环利用制作的文件架。简单的结构，从取材到制作完成仅需1小时左右。计算所收纳的文件尺寸，确定文件架的横长。隔板及侧板安装于冲孔板制作的背板，再固定底板。

侧板、隔板的宽度根据文件的量而定。但是，如果太宽，使用反而不方便，最好在30mm×50mm范围内。最后，在正面安装2根横板。背板使用冲孔板，更方便固定于墙面。

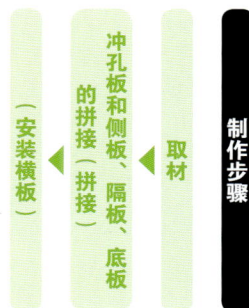

每格的宽度设置为190mm，可存放B5大小的文件。

最适合设置于木工房。加上挂钩，可任意移动。

制作步骤
取材 → 冲孔板和侧板、隔板、底板的拼接（拼接） → （安装横板）

044

简单实用的
文件架

文件架的展开图 *单位：mm

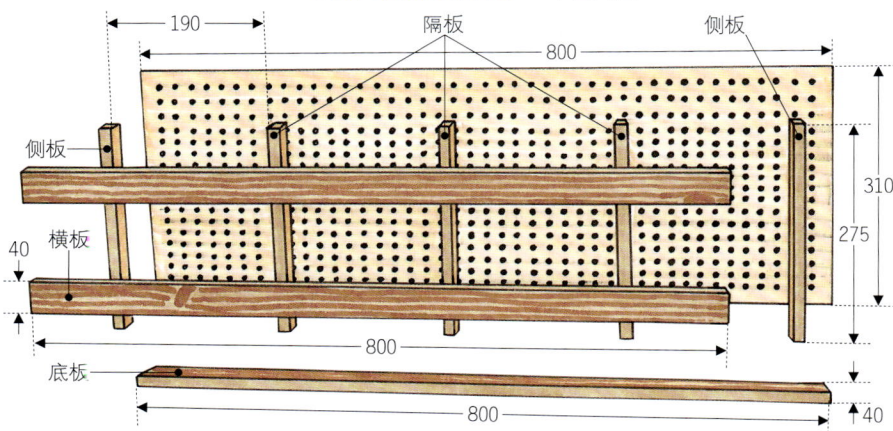

190　隔板　800　侧板
侧板　310　275
横板　40
底板　800
800　40

使用的材料
1×4木方、红杉木、冲孔板

取材表　　　　　*尺寸单位：mm

材料的种类	尺寸	数量	使用部分
1×4木方（切割成40mm）			
	275	5	侧板、隔板
红杉木（厚12mm）	40×800	3	底板、横板
有孔板	800×310	1	背板

制作◎堀口丈夫

065

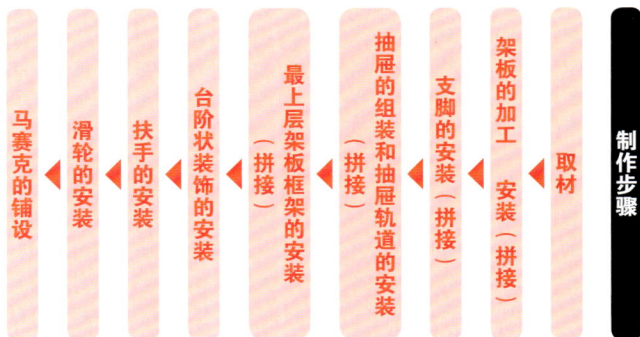

花园聚会的方便工具

移动式服务车

完成各组件的取材，组装3张1×4的木方，制作成1张架板。

架板完成之后，安装构成推车侧面的支脚。为了确保稳定性，背面的2个支脚用1×4木方组装成L形。

安装最下层架板时，应确认滑轮的安装空间。下层的抽屉安装于架板的轨道上。

接着，制作支撑托盘的上层架板。架板和支脚的间隙部分嵌入切割加工过的1×4木方。之后，用45度倒角的1×4木方制作框架，固定于最上层。

最后，将10mm边长的马赛克平铺于托盘。

制作步骤

取材 ◀ 架板的加工 安装（拼接）◀ 支脚的安装（拼接）◀ 抽屉的组装和抽屉轨道的安装（拼接）◀ 最上层架板框架的安装（拼接）◀ 台阶状装饰的安装 ◀ 扶手的安装 ◀ 滑轮的安装 ◀ 马赛克的铺设

制作◎白井纹

抽屉组装完成。最下层的架板上安装了抽屉轨道。

拼接3张架板和前后支脚。后支脚为L形。

填充最上层的架板和支脚的间隙，最后安装45°倒角的框架。

上层架板，铺上黏合剂连接的边长10mm马赛克，接缝侧用接缝剂填充。铺层。

使用的材料

1×4木方、1×6木方、马赛克（边长10mm）、黏合剂、马赛克接缝剂、滑轮（直径30mm）

取材表　　　　　　　　　　　*尺寸单位：mm

材料的种类	尺寸	数量	使用部分
1×4木方	700	6	支脚
1×4木方	400	9	架板
1×4木方（61mm幅）	230	6	架板托木
1×4木方	223	1	后面加强板
1×4木方	108	2	侧面加强板
1×4木方	260	1	扶手
1×4木方（50mm幅）	90	6	架板边角装饰
1×4木方（20mm幅）	440	2	托盘框架
1×4木方（20mm幅）	400	1	托盘框架加强板
1×4木方（20mm幅）	286	2	托盘框架
1×4木方	247	2	抽屉侧板
1×4木方	140	1	抽屉里板
1×4木方（2mm幅）	215	2	抽屉轨道
1×6木方	218	1	抽屉底板
1×6木方	195	1	抽屉面板

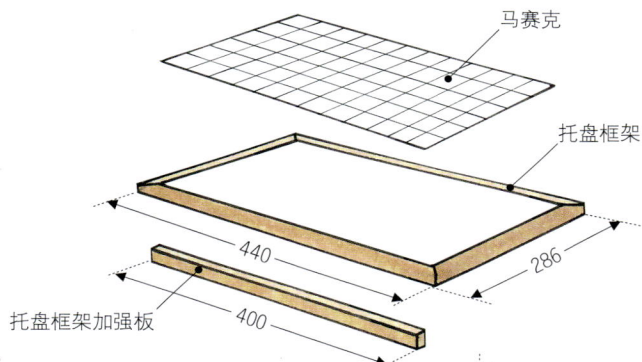

组装完成的3张架板

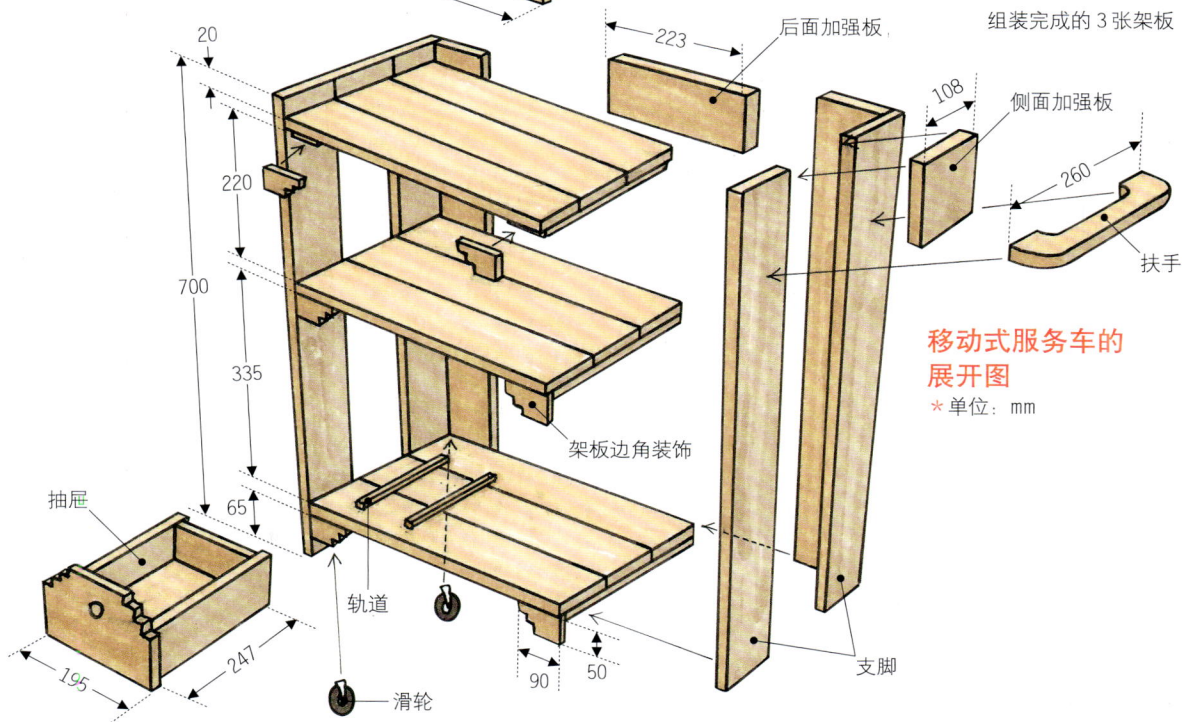

马赛克

托盘框架

440

286

400

托盘框架加强板

后面加强板

223

108

侧面加强板

260

扶手

移动式服务车的展开图

*单位：mm

架板边角装饰

抽屉

轨道

滑轮

支脚

20

220

700

335

65

90

50

195

247

制作步骤

取材

背板制作心形抠图

挂钩的安装
位置开孔

背板、侧板、顶板的组装
（拼接）

挂钩的安装

固定于墙面的五金件的安装

精心制作的
厨具置物架

难易度
★★☆

046

顶板、2张侧板、背板制作的简单作品。材料比较薄，容易切割。而且，如果使用线锯切割，曲线设计也很顺滑美观。心形的开孔先用钻头凿孔，再用曲线锯抠图（参照139页）。

但是，边缘的倒角需要仔细操作。用锉刀或砂纸打磨，曲线部分用裁刀修整。

组装时，开下孔，木工胶水和螺钉同时使用。

五金件安装于背面，吊挂于墙面。

挂钩的安装。对应挂钩的尺寸，用钻头开孔。

使用的材料

松木（厚19mm）、挂钩、五金件

取材表 　　　　　　　　　*尺寸单位：mm

材料的种类	尺寸	数量	使用部分
松木（厚19mm）	90×520	1	顶板
松木（厚19mm）	130×390	1	背板
松木（厚19mm）	90×200	2	侧板

厨具置物架的展开图
*单位：mm

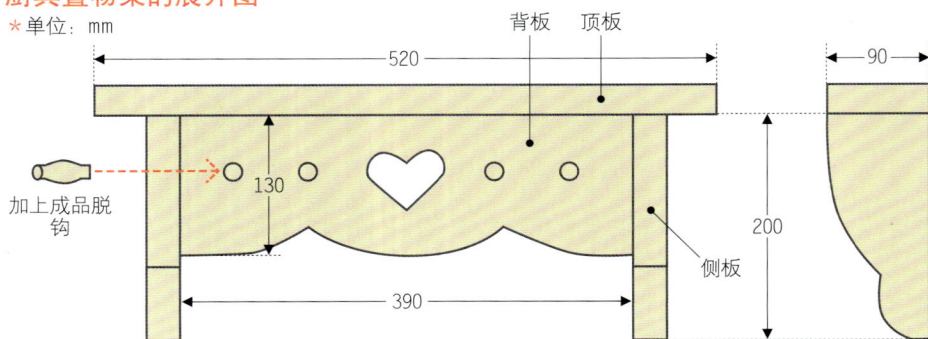

背板　顶板

520

130

200

90

加上成品脱钩

390

侧板

制作◎中芳洋子

047

方便拿取的 红酒架

SIMPLE WOOD WORKS · BEST SELECTION · WOOD WORKS

制作步骤

- 取材
- 酒瓶插口的开口
- 酒瓶插入面和侧面的组装（拼接）
- 拎手的横板的安装（拼接）
- 拎手的安装（拼接）

红酒架的展开图

＊单位：mm

拎手横板

拎手

254

40

300

侧板

85　85

20　20　20

200

160

230

酒瓶插入面

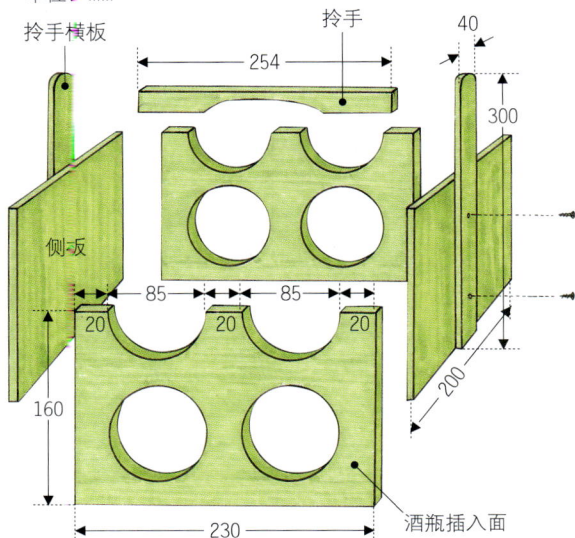

用曲线锯切割酒瓶插入口。

使用的材料

合成板（厚12mm）、木工胶水

取材表

＊尺寸单位：mm

材料的种类	尺寸	数量	使用部分
合成板（厚12mm）	230×160	2	酒瓶插入面
合成板（厚12mm）	200×160	2	侧板
合成板（厚12mm）	40×300	2	拎手横板
合成板（厚12mm）	40×254	1	拎手

平整且加工方便的12mm厚合成板制作的红酒架。使用手锯和曲线锯制作的简单结构，适合初学者的作品。酒瓶插入口的尺寸统一为直径85mm。制作图纸，在各组件上画墨线，用手锯沿着墨线切割。

酒瓶插入口使用曲线锯开窗加工（参照139页）。用螺钉和木工胶水拼接酒瓶插入面和侧面，拎手横板固定于侧面，再固定拎手。

制作步骤

- 取材
- 用曲线锯加工开窗
- 底板、侧板、顶板的组装（拼接）
- 门页的安装（合页拼接）
- 把手、限位的安装
- 纸架（圆棒）的安装

带储藏空间的
厨房纸架

难易度 ★★★

048

可随意挂放的无背板纸架。带储藏空间，里面可以放置调味料等。

取材之后，组装本体。首先，拼接底板和侧板，再拼接顶板。接着，安装门页和纸架圆棒。此外，门页的开窗使用曲线锯（参照139页）。

侧视图

115

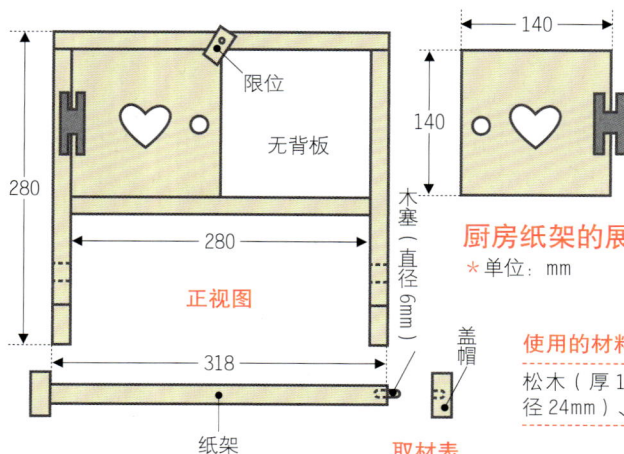

限位

无背板

正视图

280

280

318

纸架

木塞（直径6mm）

140

140

厨房纸架的展开图
*单位：mm

盖帽

使用的材料
松木（厚19mm）、圆棒（直径24mm）、合页、把手

取材表
*尺寸单位：mm

材料的种类	尺寸	数量	使用部分
松木（厚19mm）	115×318	1	顶板
松木（厚19mm）	115×261	2	侧板
松木（厚19mm）	115×280	1	底板
松木（厚19mm）	140×140	2	门页
圆棒（直径24mm）	318	1	纸架

*除盖帽

最后，将纸架圆棒穿入侧板的开孔。开孔可稍稍开大些。

制作◎中芳洋子

1×4木方和鱼鳞云杉木制作的艺术感酒架。托起酒瓶的酒架部分用游标尺（准确测量材料厚度、圆形及球形内外径的测量工具）测量酒瓶加注口及底部的尺寸，再精确制作。稍稍多出测量尺寸，用圆规画出半圆墨线，再用曲线锯切割。

支撑酒架的侧板开凿托板高度的卡槽，托板精准卡入侧板中。侧板如插图所示，雕刻艺术图案，更显装饰效果。

难易度
★★☆

049

兼具实用性和艺术感的

双层酒架

双层酒架的展开图
* 单位：mm

侧板

酒架

30

80

75

450

曲线锯切割酒瓶插入口

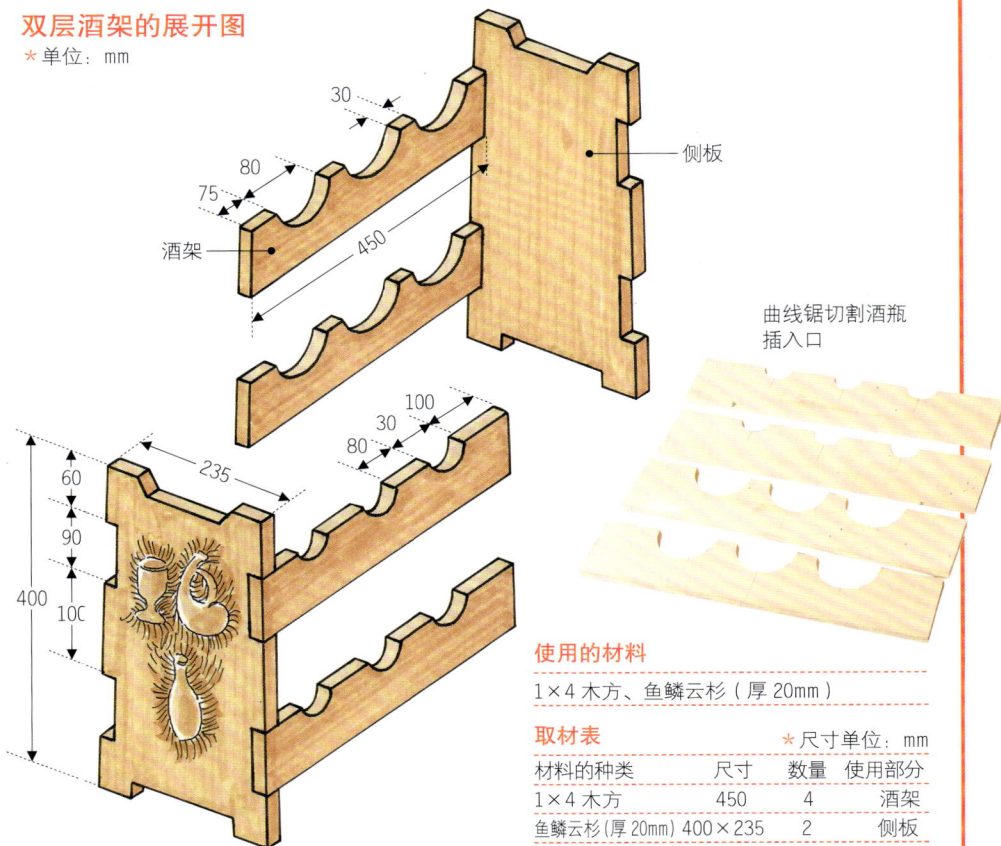

60
90
100
400

235

100
30
80

使用的材料

1×4木方、鱼鳞云杉（厚20mm）

取材表

*尺寸单位：mm

材料的种类	尺寸	数量	使用部分
1×4木方	450	4	酒架
鱼鳞云杉（厚20mm）	400×235	2	侧板

制作步骤

取材
▼
酒架半圆的抠图
▼
侧板的搭接
▼
酒架和侧板的拼接
（拼接）

制作©小田部清芳

071

制作步骤

取材

↓

碗碟架中制作插入隔棒的开孔

↓

碗碟架和支脚的拼接（拼接）

↓

圆棒嵌入碗碟架的开孔

↓

加强板的安装（拼接）

↓

各支脚的拼接（拼接）

碗碟架的开孔是隔棒的安装孔。预想组装完成的状态，确定开孔的位置。

难易度
★☆☆

装饰餐具的
碗碟架

050

碗碟架的展开图
*单位：mm

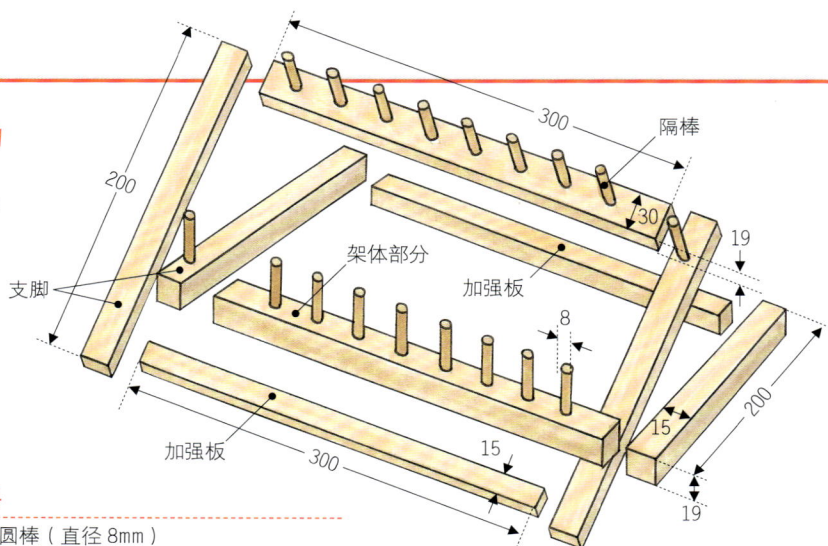

300 / 隔棒 / 30 / 19 / 200 / 支脚 / 架体部分 / 加强板 / 8 / 加强板 / 300 / 15 / 200 / 15 / 19

使用的材料

1×4木方、圆棒（直径8mm）

取材表
*尺寸单位：mm

材料的种类	尺寸	数量	使用部分
1×4木方（切割成30mm宽）	300	2	架体部分
1×4木方（切割成15mm宽）	300	2	加强板
1×4木方（切割成15mm宽）	200	4	支脚
圆棒（直径8mm）	50	18	隔棒

拼接各支脚时，用碗碟确认开口角度。

将自己喜欢的碗碟变身为装饰品的碗碟架。材料仅有1×4木方和用作隔棒的圆棒。1×4木方切割成30mm和15mm使用。将取材完成的架体和支脚放置于桌面，确定隔棒的开孔位置，注意等间距。

支脚和支脚之间的加强板首先拼接一边，并交叉组装架体本体，再拼接另一边。拼接时开下孔后打钉。拼接面添加木工胶水，以增加强度。

此外，虽然使用细长螺钉拼接，但是一定要开下孔。

051

一块板制作而成

简单隔热垫

板的两个面均画出
开槽的墨线

↓

两面开槽的加工

↓

用锉子和小刀修整
网格状开槽

一块整板双面开槽制作的网格状隔热垫。正确画墨线之后，耐心开槽。连续的单一作业，可适当边做边休息。

用圆锯按板厚的一半开槽，连续前后方向移动。每面的开槽为 7 条，可自制直线切割的工具。

简单隔热垫的展开图

＊单位 mm

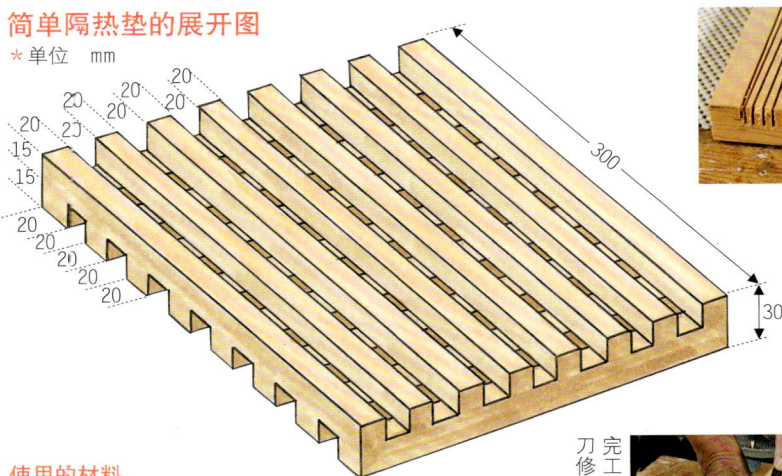

20 20 20 20
20 20 20
20 23
15 23
15
20 20 300
20
20
20
30

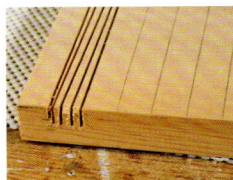

沿着墨线，圆锯来回穿过多次，并用锉子修整开槽。

使用的材料

扁柏木（厚30mm）＊其他合适材料也行

取材表

＊尺寸单位：mm

材料的种类	尺寸	数量	使用部分
扁柏木（厚30mm）	300×300	1	本体

完工，再用锉子或小刀修整。

使用 2× 木方，没有任何螺钉的酒桌。任意长度的桌面两端开孔，两侧支脚从下方穿入，每边支脚伸出桌面的部分各有 2 个小开孔，再用木栓固定于开孔。

取材后，用火枪将木料表面烤黑，再用钢丝球摩擦表面，使木纹更显古朴质感。此外，取材表中的尺寸仅供参考，可自行切割出自然的尺寸。

难易度 ★☆☆

SIMPLE WOOD WORKS · BEST SELECTION

052

复古风酒桌

表面烤漆质感更显高雅

加工完成的木材，用火枪烤焦表面，再用钢丝球摩擦表面，更显古朴质感。

使用的材料

2×10 木方、边角料

取材表

*尺寸单位：mm

材料的种类	尺寸	数量	使用部分
2×10 木方	700	1	面板
2×10 木方	275	2	支脚
边角料(20×20)	140	4	木栓

复古风酒桌的展开图

*单位：mm

木栓

700

木栓

面板

275

支脚

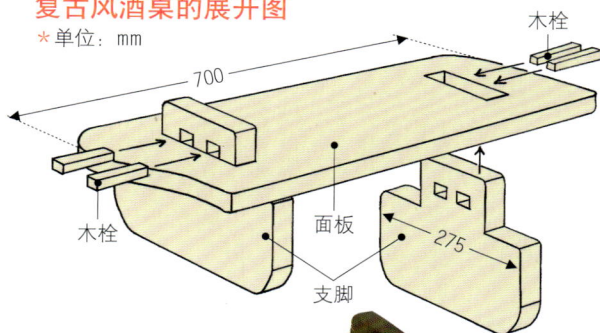

组件这样分解。

完全看不出是 2×10 木方的边角材料。

制作步骤

- 取材
- 开孔
- 木栓的加工
- 火枪烤焦表面
- 用钢丝球摩擦表面
- 组装

用多余2×4木方边角料制作

多功能简单小台

多余的2×4木方边角料，初学者也能轻松制作的小台。看似平凡，放在婴儿房或厨房会有大用处。

结实有稳定感的外形。钉子或螺钉简单组合，毫无制作压力的作品。切割之后，不要忘记用锉子将边角打磨平滑。

完成后，表面可以涂装。如果喜欢原木的木纹质感，可用清漆。

使用的材料

2×4木方

取材表

*尺寸单位：mm

材料的种类	尺寸	数量	使用部分
2×4木方	400	11	面板、架板、横撑木
2×4木方	600	4	支脚

多功能简单小台

*单位：mm

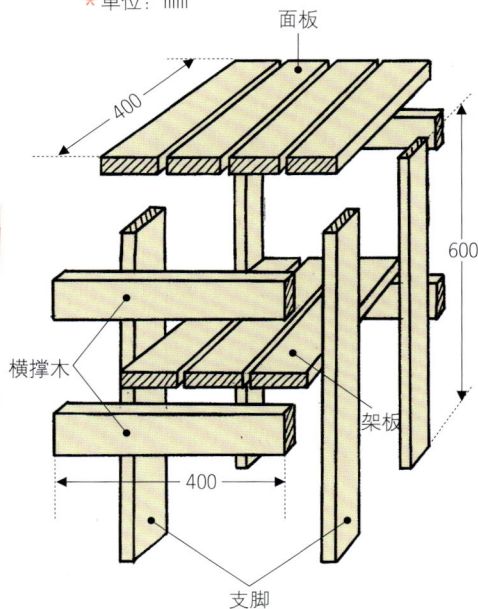

面板

400

600

400

横撑木

架板

支脚

从另一面看。

从侧面看。面板、横撑木、架板均为相同尺寸。

制作步骤

取材
↓
边角打磨光滑
↓
横撑木拼接于4个支脚（拼接）
↓
面板和架板的安装（拼接）

边角材料加强合成板

玩具收纳箱

薄合成板简单制作的玩具收纳箱。内侧制作骨架以加强整体，质量较轻的合成板也很有强度。再用木工胶水贴上边角材料组装的骨架，并用13mm的短钉固定。钉子较短，可用镊子夹住打入。用曲线锯在侧板开孔，制作把手。

安装盖板的五金件时，合成板较薄，可用垫木间隔固定。

盖板打开的状态。

玩具收纳箱的展开图 ＊单位：mm

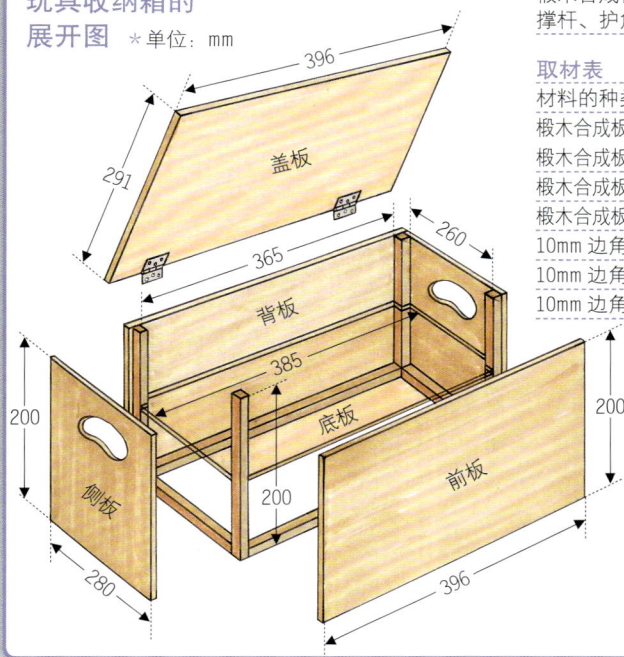

打开盖板的撑杆。

使用的材料

椴木合成板（厚5.5mm）、边角材料（边长10mm）、合页、撑杆、护角

取材表　　　　　　　　　　　　　　　　＊尺寸单位：mm

材料的种类	尺寸	数量	使用部分
椴木合成板（厚5.5mm）	396×200	2	前板、背板
椴木合成板（厚5.5mm）	280×200	2	侧板
椴木合成板（厚5.5mm）	396×291	1	盖板
椴木合成板（厚5.5mm）	385×280	1	底板
10mm 边角材料	200	4	骨架
10mm 边角材料	260	2	骨架
10mm 边角材料	365	2	骨架

制作步骤

取材

↓

边角材料骨架的组装（拼接）

↓

侧板位置制作把手的开孔

↓

背板·前板、侧板、底板拼接于骨架（拼接）

↓

盖板的固定（合页拼接）

↓

箱体四角的护角的安装

↓

撑杆安装于盖板

方便运送的带提手的收纳盒。拼接使用细钉和鼓钉，没有复杂的榫卯技巧。鼓钉的头部特征明显，也是一种装饰效果。

侧板的两端倾斜切割，其他部分均为直线切割。此外，注意组装精度和边角整齐。

箱体部分使用椴木合成板，纵向撑木和提手方便打钉的单层板。边角全部用锉刀进行倒角。

用鼓钉拼接的
带提手的收纳盒

使用的材料

椴木合成板（厚 12mm）、鱼鳞云杉木（厚 12mm）、鼓钉

取材表

*尺寸单位：mm

材料的种类	尺寸	数量	使用部分
椴木合成板（厚12mm）	360×150	2	侧板
椴木合成板（厚12mm）	290×150	1	底板
椴木合成板（厚12mm）	150×150	2	横板
鱼鳞云杉木（厚12mm）	174×38	1	提手
鱼鳞云杉木（厚12mm）	300×38	2	提手横板

边角的拼接部分，横板垂直状态拼接侧板。

带提手的收纳盒的展开图
*单位：mm

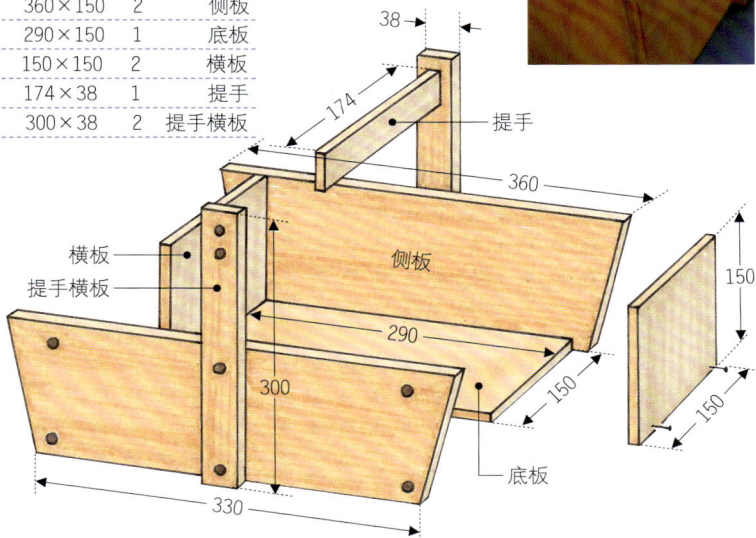

38
174
提手
360
150
横板
提手横板
侧板
290
150
300
150
330
底板

制作步骤

取材
↓
底板和横板的拼接
（拼接）
↓
侧板的安装
（拼接／装饰钉）
↓
纵向撑木和提手的安装
（拼接／装饰钉）

将报纸折叠整齐存放于报纸收藏箱。各边的中央位置加切口，预先放上绳子，方便固定收藏的报纸。各拼接位置使用木工胶水，再用圆钉固定。

此时，需要开下孔打钉。开孔时使用手动钻头，也可以用凿子代替。制作关键是准确切割和准确组装。

056 超简单结构的
报纸收藏箱

使用的材料

椴木合成板（厚12mm）、覆膜板（厚12mm）

取材表 ＊尺寸单位：mm

材料的种类	尺寸	数量	使用部分
椴木合成板（厚12mm）	270×160	4	侧板
椴木合成板（厚12mm）	270×125	4	侧板
覆膜板（厚12mm）	320×226	1	底板

底板使用覆膜板，椴木合成板也行。

报纸收藏箱的展开图 ＊单位：mm

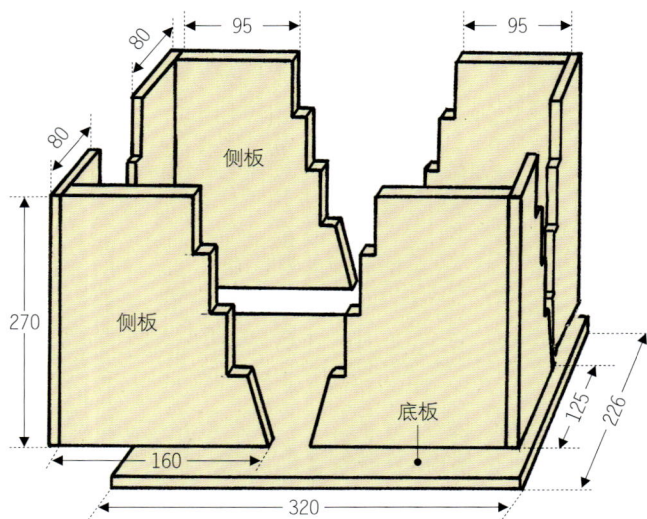

侧板
侧板
底板

80　95　95
80
270
125　226
160
320

制作步骤

取材
↓
用曲线锯设计侧板造型
↓
各侧板的拼接（拼接）
↓
底板的安装（拼接）

用 2 张成品扁柏板条托架（宽 330mm、长 800mm、厚 10mm）制作的收纳箱。比扁柏的边角材料和板材更便宜，且制作更简单。板厚为 10mm，切割使用手锯。但是，注意保持切口是直线切割。

充分利用托架的特性，底部的支脚也保持原样。取材时，除底板的各面都在一块整板条中切割，只有底板使用保留支脚的部分。

057

利用板材的间隙
板条式收纳箱

板条式收纳箱的展开图

※单位：mm

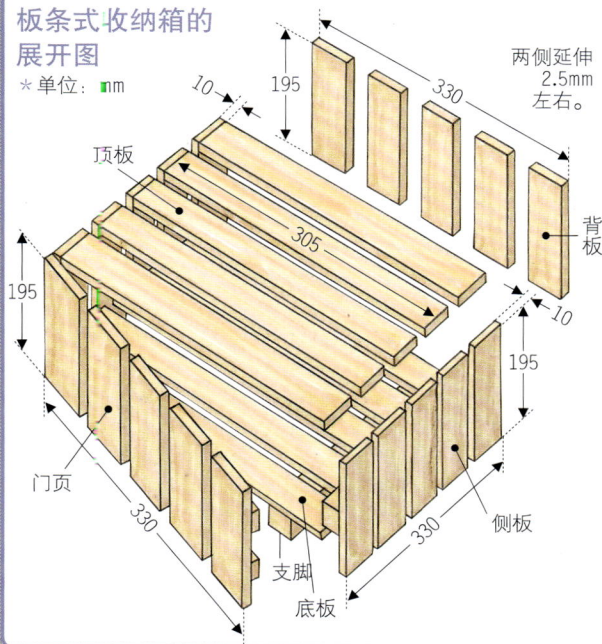

两侧延伸 2.5mm 左右。

顶板
背板
门页
侧板
底板
支脚

10
195
330
305
195
195
10
195
330
330

使用的材料

板条托架（800mm×330mm×10mm）、合页（40mm）、磁吸（小）、
※托架边角材料的厚度 30mm

取材表　　　　　　　　　　　　※尺寸单位：mm

材料的种类	尺寸	数量	使用部分
板条（厚 10mm）	305×330	2	顶板、底板
板条（厚 10mm）	195×330	4	门顶、背板、侧板
边角材料	330	2	支脚

（从板条中拆下·厚 30mm）

安装支脚的部分。如果没有现成连接支脚的部分，可自己安装。

取材
↓
左右侧板和顶板·底板的拼接（拼接）
↓
支脚的安装（拼接）
↓
背板的安装（拼接）
↓
门页的安装（合页拼接）
↓
门页磁吸的安装

座板的下方是收纳空间，将座板底部的挂钩固定，就能从座板的开孔拿起，方便携带的小凳。凳子的高度为318mm，虽然矮小，但实用性优越。放在玄关侧，可用作换鞋凳。或者，外出携带，方便休息。

支脚板切割成三角形切口。首先，用钻头在三角形的顶点钻孔，再用曲线锯切割。收纳部分的底板安装于侧板的左右撑木上，安装简单。

撑木拼接于箱体内侧的状态。上方支撑底板，方便拆卸。

打开座板，内部是存储空间。

难易度 ★★☆

SIMPLE WOOD WORKS ★ BEST SELECTION ★ THE WOOD WORKS

058

方便携带的
手提凳

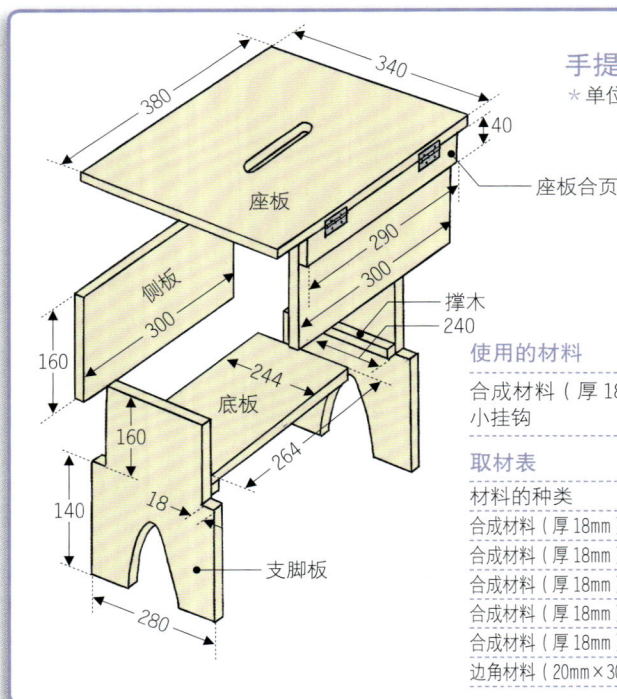

手提凳的展开图
＊单位：mm

座板合页

座板

侧板
300

撑木
240

底板

支脚板

380
340
40
290
300
160
244
160
264
140
18
280

使用的材料

合成材料（厚18mm）、边角材料、合页、小挂钩

取材表

＊尺寸单位：mm

材料的种类	尺寸	数量	使用部分
合成材料（厚18mm）	380×340	1	座板
合成材料（厚18mm）	290×40	1	合页基底
合成材料（厚18mm）	300×280	2	支脚板
合成材料（厚18mm）	300×160	2	侧板
合成材料（厚18mm）	264×244	1	底板
边角材料（20mm×30mm）	240	2	撑木

制作步骤

取材

支脚板的加工

支脚和侧板的组装（拼接）

支撑底板的撑木的安装（拼接）

合页基底的安装

嵌入底板

座板制作椭圆形开孔

座板的安装（合页拼接）·挂钩的安装

厚 9mm、宽 90mm、长 910mm 的一张扁柏木制作的遥控器收纳盒。通过瞬间黏合剂组装，不使用螺钉或钉子等。用手锯或圆锯按尺寸切割，边角用锉刀打磨平滑，再用黏合剂组装即可。

图中的小盒可收存 4 个遥控器。实际制作时，根据自己需要，制作相应的尺寸及隔断数量。切割扁柏时，不要忘记"切口宽度 = 约 2mm"，计入尺寸中。

制作步骤

取材
↓
拼接隔板于后板和底板
（瞬间黏合剂）
↓
侧板的拼接（瞬间黏合剂）
↓
前板的拼接（瞬间黏合剂）

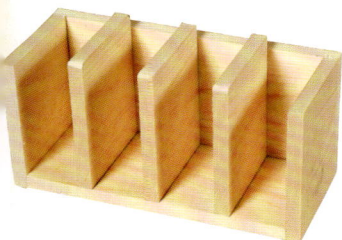

后板、底板、隔板的拼接完成状态。最后，拼接前板。

9mm 薄板制作的 遥控器收纳盒

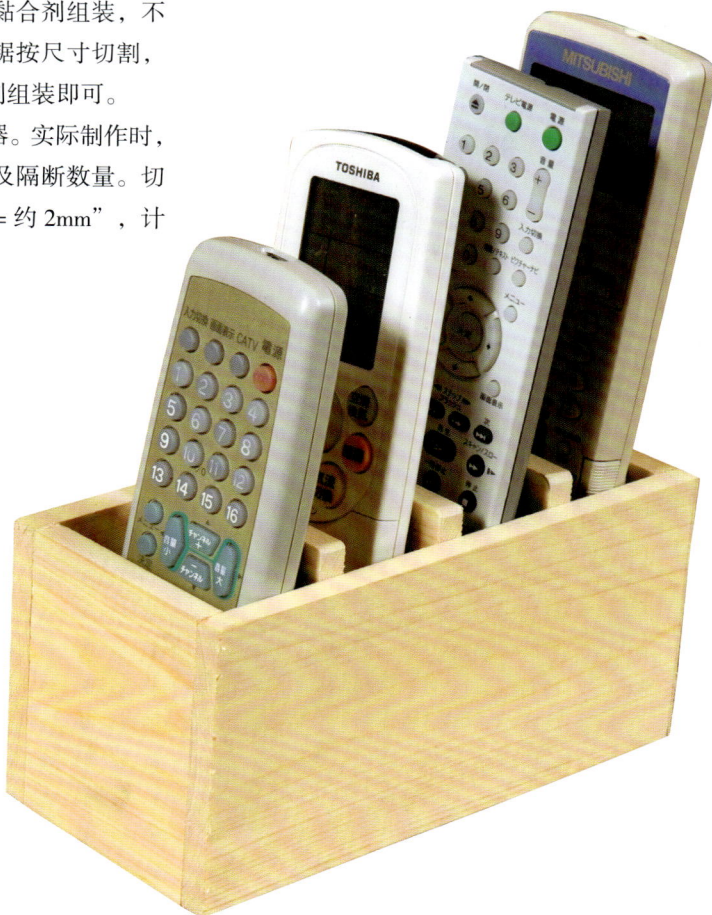

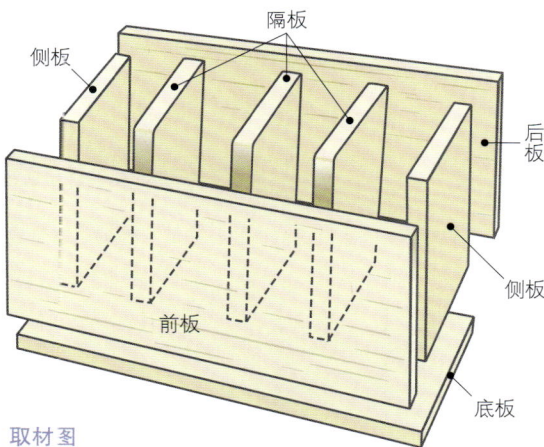

侧板

隔板

后板

侧板

前板

底板

使用的材料

扁柏（厚 9mm）、
瞬间黏合剂（胶状）

取材表　　　　　　　　　　　　　　＊尺寸单位：mm

材料的种类	尺寸	数量	使用部分
扁柏（厚 9mm）	90×185	2	前板、后板
扁柏（厚 9mm）	90×70	5	侧板、隔板
扁柏（厚 9mm）	70×167	1	底板

遥控器收纳盒的展开图
＊单位：mm

取材图

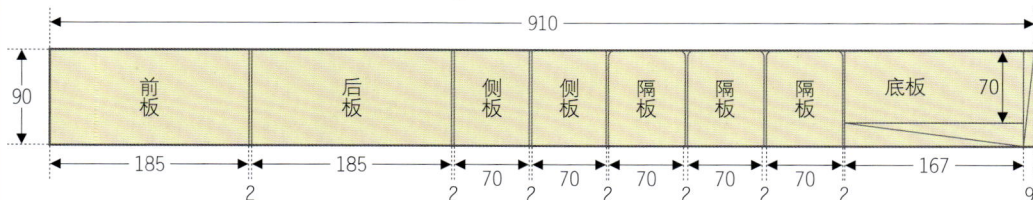

| 前板 | 后板 | 侧板 | 侧板 | 隔板 | 隔板 | 隔板 | 底板 | 70 |

90

910

185 | 2 | 185 | 2 | 70 | 2 | 70 | 2 | 70 | 2 | 70 | 2 | 70 | 2 | 167 | 9

可容纳4副眼镜的眼镜收纳盒。用厚度9mm的合成板制作盒体和眼镜的支架，支撑眼镜架的棒子为直径10mm的圆棒。

拼接时使用木工胶水和细钉。先在拼接面涂抹木工胶水，再打入细钉固定。支架部分用手锯和锉子开槽，用于鼻托部分的支撑。眼镜架的支撑（圆棒）用瞬间黏合剂固定。

060

用黏合剂 + 细钉组装

眼镜收纳盒

难易度 ★☆☆

眼镜收纳盒

眼镜收纳盒

*单位：mm

使用的材料

合成板（厚9mm）、圆棒（直径10mm）

取材表

*尺寸单位：mm

材料的种类	尺寸	数量	使用部分
合成板（厚9mm）	250×218	2	顶板、底板
合成板（厚9mm）	250×200	1	背板
合成板（厚9mm）	250×250	2	侧板
合成板（厚9mm）	250×30	1	眼睛支架
圆棒（直径10mm）	200	4	眼镜架支撑

制作步骤

取材
↓
一边侧板、顶板、背板、底板的拼接（拼接）
↓
支架的开槽加工
↓
支架的安装（拼接）
↓
眼镜架支撑的拼接（瞬间黏合剂）

制作眼镜架支撑时，对应实物确定安装位置。制作眼镜架支撑时，将眼睛放置于支架，对应实物确定安装位置。

各组件拌接而成的信件盒，正好能收纳 A4 尺寸。组装时考虑木材切口，本作品从正面看不清木材切口。此外，简单的拼接组装会看见钉子的头部，可用压钉器将钉子敲入内侧。本文中，使用了木工腻子隐藏钉子头部。

四周的侧板对应底板的厚度开槽，将底板嵌入。此处需要使用修边机，再拼接嵌入底板。

简单拼接而成的

信件盒

制作步骤

取材

↓

框架的组装
（拼接）

↓

底板的嵌入
（拼接）

↓

盖板的安装
（合页拼接）

↓

锁链的安装

底板用小钉汀入固定。这种钉子很小，如果手指无法支撑 可用扁嘴钳辅助。

**信件盒的
展开图** ＊单位：mm

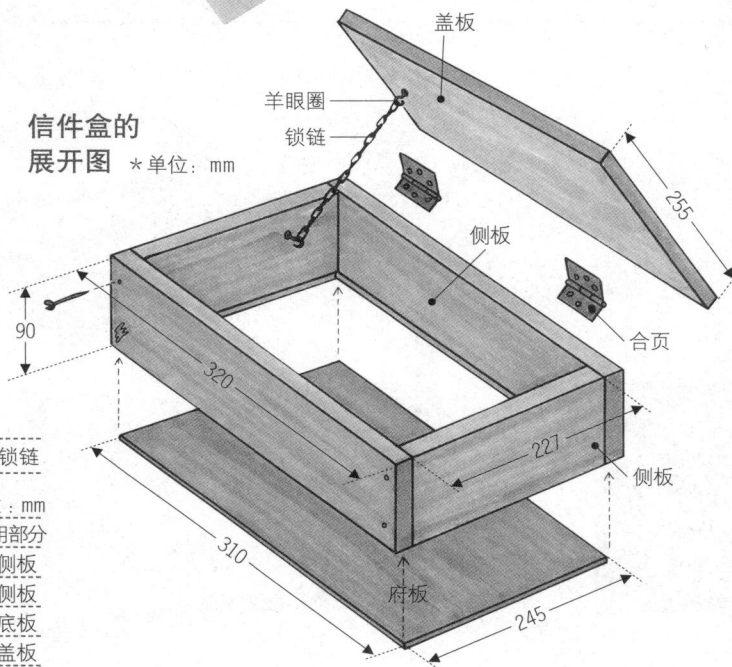

盖板

羊眼圈

锁链

侧板

合页

侧板

255

90

320

227

310

底板

245

使用的材料

松木、合成板、层压板、合页、羊眼圈、锁链

取材表 ＊尺寸单位：mm

材料的种类	尺寸	数量	使用部分
松木（厚 14mm）	90×320	2	侧板
松木（厚 14mm）	90×227	2	侧板
合成板（厚 4mm）	245×310	1	底板
层压板（厚 10mm）	255×320	1	盖板

纸巾盒

适合中级水平尝试

无外盒的木制纸巾盒。钉子或胶水都没有使用，使用线锯或曲线锯实施复杂的圆形切割。底板和上板均用曲线锯切割。特别是，曲线加工的墨线一定要准确。底板仔细用砂纸打磨，用钻头加工插入圆棒的开孔。上板用曲线锯加工木材切口的装饰纹，曲线锯开窗加工中心的抽纸取出口（参照139页）。最后，两端加工槽口，插入圆棒。

制作步骤

- 上板和底板的加工
- 底板的圆棒的插入口的开孔
- 上板木切口的装饰加工
- 上板中心的抽纸取出口的开窗
- 上板两侧中央用线锯切割成菱形的开槽加工

使用的材料

椴木合成板（厚16mm）、柳安木圆棒（直径12mm）等

取材表　　　*尺寸单位：mm

材料的种类	尺寸	数量	使用部分
椴木合成板（厚16mm）	300×130	1	上板
椴木合成板（厚16mm）	330×163	1	底板
柳安木圆棒（直径12mm）	156	2	圆柱

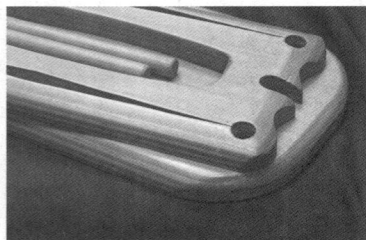

仔细用砂纸打磨，再涂装表层，更显高品质感。

纸巾盒的展开图
*单位：mm

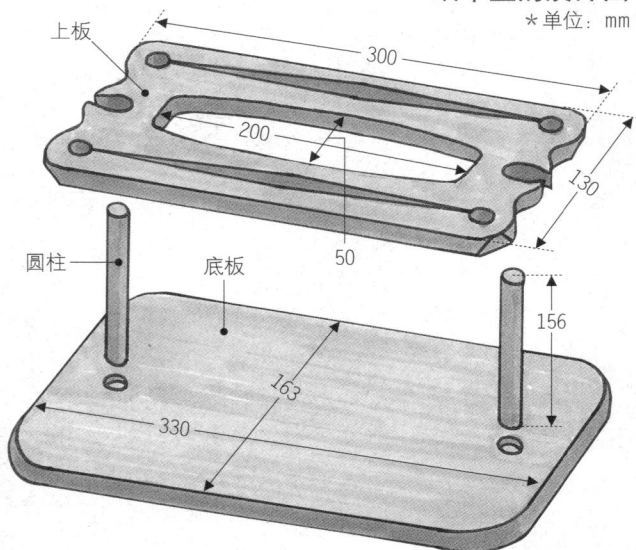

上板　300　200　130　50
圆柱　底板　156　330　163

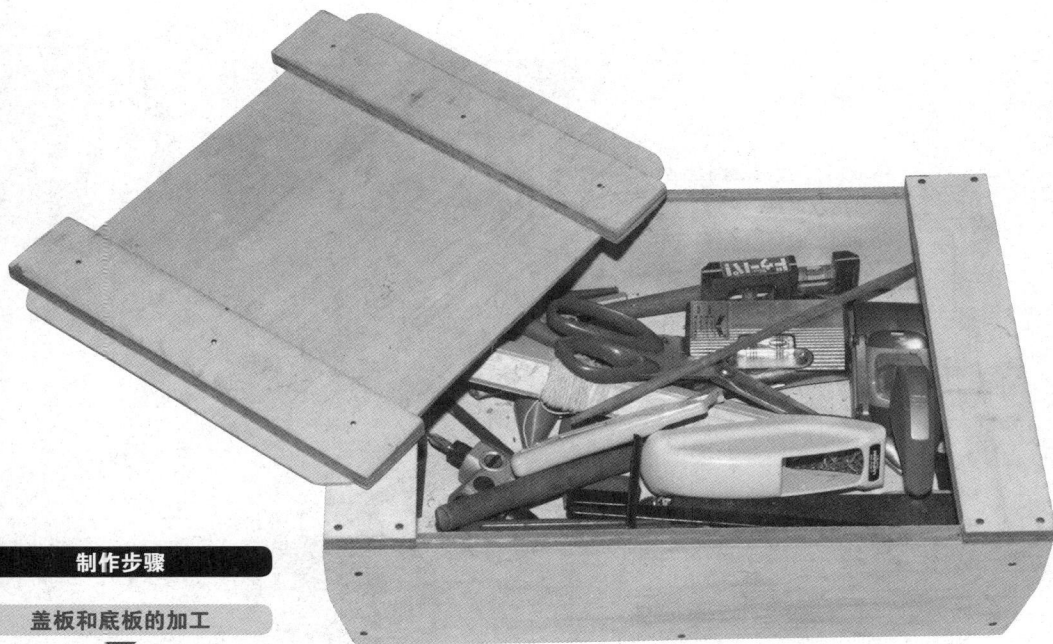

工具箱

正适合木工爱好者使用

制作步骤

- 盖板和底板的加工
- 左右横板和提手的拼接（拼接）
- 底板的拼接（拼接）
- 侧板的安装和撑木的安装（拼接）
- 侧板下部的斜线切割
- 盖板侧固定限位

日本的江户时代就被木匠们使用，被称作"周转箱"的传统工具箱。本款作品就是在这种周转箱的基础上进行加工改造，而且使用 12mm 合成板简单制作而成的。

盖板上端左右位置安装限位，左右滑动开合的结构。拼接时搭配木工胶水，再用锥子开下孔，打入真空钉固定。

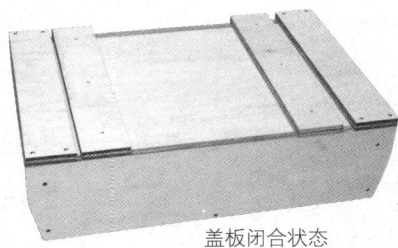

盖板闭合状态

使用的材料

椴木合成板（厚12mm・厚4mm）

取材表

*尺寸单位：mm

材料的种类	尺寸	数量	使用部分
椴木合成板（厚12mm）	400×100	2	侧板
椴木合成板（厚12mm）	246×100	2	横板
椴木合成板（厚12mm）	246×50	2	提手
椴木合成板（厚12mm）	270×50	4	撑木、限位
椴木合成板（厚12mm）	352×246	1	底板
椴木合成板（厚12mm）	320×246	1	盖板

工具箱的展开图

*单位：mm

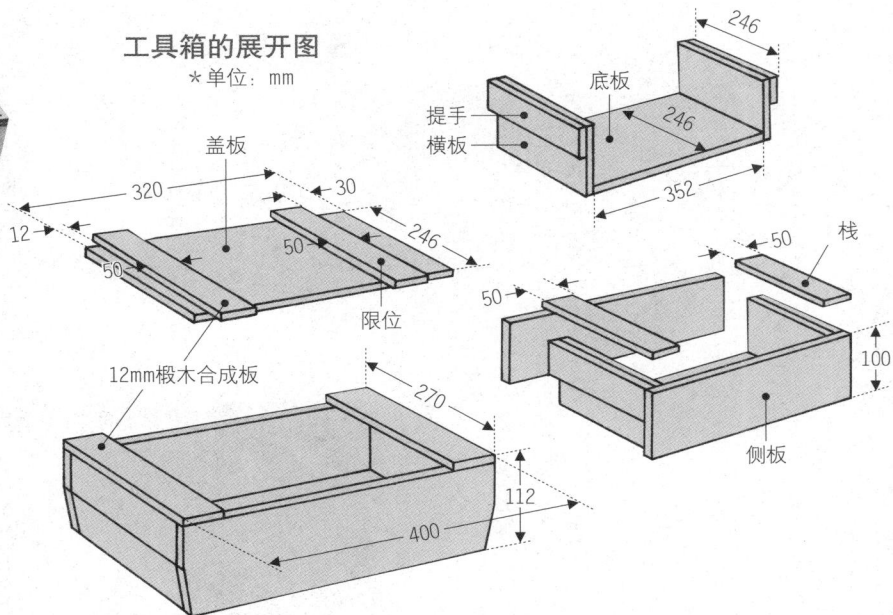

底板

提手
横板

246
246
352

盖板
320
30
246
12
50
50
限位

12mm椴木合成板

栈
50
100
侧板

270
112
400

轻松搬运到工作现场

手提工具箱

适合拿到工作现场使用的西式工具箱。提手带有曲线，乡村风格的设计。但是，直线的提手也是一种简洁风格。尺寸大小能将各种五金工具整齐存放其中。而且，使用轻质的 1×4 木方，或者使用更轻的杉木也行。

暗钉（参照 142 页）拼接，螺钉位置凿孔，螺钉固定后涂抹木工胶水，再打入直径 8mm 的圆棒。圆棒多出的部分用手锯切割整齐。

制作步骤

取材 ◀ 支撑的加工 ◀ 侧板、底板的拼接（暗钉）◀ 支撑的安装（暗钉）◀ 提手的安装（暗钉）

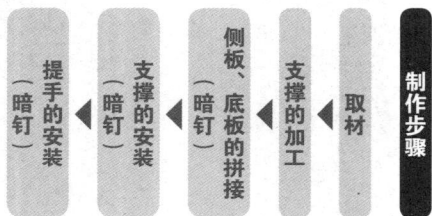

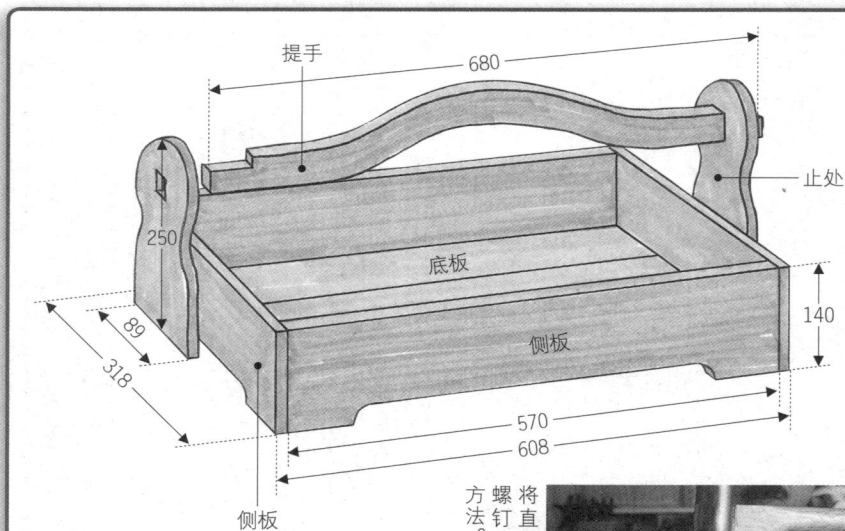

手提工具箱的展开图

*单位：mm

提手　680
止处
底板
250
侧板
140
89
318
侧板
570
608

使用的材料

1×6 木方、1×4 木方、圆棒（直径 8mm）

取材表 　　　*尺寸单位：mm

材料的种类	尺寸	数量	使用部分
1×6 木方	570	4	侧板、底板
1×6 木方	318	2	侧板
1×4 木方	250	2	止处
1×4 木方	680	1	提手

将直径 8mm 圆棒打入螺钉孔，一种暗钉的方法。

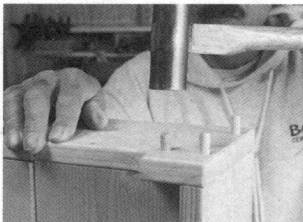

除去底板的取材状态。螺钉位置留有暗钉处理的开孔。

将用剩下的边角材料整齐归类的边材箱。加上滑轮，可任意移动。

材料为结实耐用的12mm针叶树合成板。按任意尺寸调节，根据个人使用方便。并且，按照前板、侧板、隔板、背板、滑轮的先后顺序组装。打螺钉的位置画墨线，将螺钉轻轻预固定于墨线上方。

拼接时，搭配木工胶水使用。细长螺钉的规格方面，本体用30mm，滑轮固定用20mm。

边材箱

将边角材料整齐收纳

边材箱的展开图 ＊单位：mm

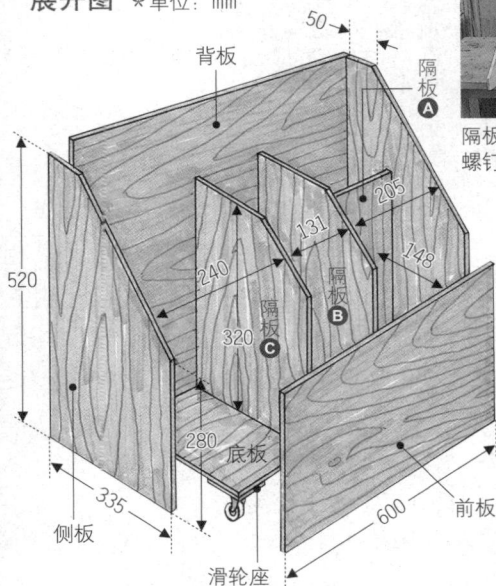

隔板的安装，从前侧固定螺钉。

模板拼接时基本都先涂抹木工胶水，再固定螺钉。

使用的材料

针叶树合成板（厚12mm）、滑轮

取材表

＊尺寸单位：mm

材料的种类	尺寸	数量	使用部分
针叶树合成板（厚12mm）	280×600	1	前板
针叶树合成板（厚12mm）	520×600	1	背板
针叶树合成板（厚12mm）	520×335	2	侧板
针叶树合成板（厚12mm）	205×300	1	隔板Ⓐ
针叶树合成板（厚12mm）	320×335	2	隔板Ⓑ、Ⓒ
针叶树合成板（厚12mm）	576×335	1	底板
针叶树合成板（厚12mm）	100×100	4	滑轮座

制作步骤

取材

↓

外框（侧板和底板）的组合（拼接）

↓

前板的安装（拼接）

↓

隔板Ⓐ和隔板Ⓑ的安装（拼接）

↓

隔断Ⓒ的安装（拼接）

↓

背板的安装

↓

滑轮座／滑轮的安装

使用时抽出的 折叠式工作台

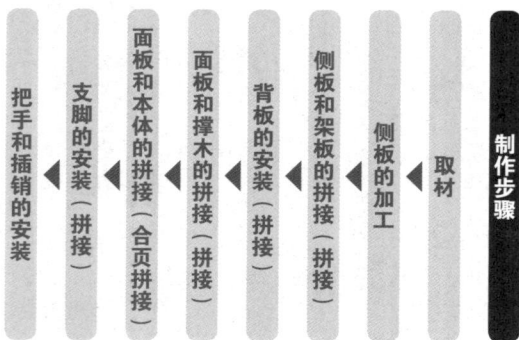

制作步骤

把手和插销的安装 ◀ 支脚的安装（拼接） ◀ 面板和本体的拼接（合页拼接） ◀ 面板和撑木的拼接（拼接） ◀ 背板的安装（拼接） ◀ 侧板和架板的拼接（拼接） ◀ 侧板的加工 ◀ 取材

庭院木甲板上多出的工作台，不使用时，多少会让人感到不便。这里，就向你推荐一款"折叠式工作台"。平常看似固定于墙壁的普通收纳箱，只要向外拉把手，看似门页的部分就成了台面，表面的细长木板就成了支脚。收纳箱内设置有架板，还具有收纳功能。

制作方法就是1×4木方、1×6木方、胶合板的拼接组装。其实也很简单，只要会打螺钉，只要会开下孔就行。

此外，需要记住一点。本作品是折叠式，一定要收放自如，所以合页的选择和安装是关键。

制作◎白井红

折叠式工作台的展开图
＊单位：mm

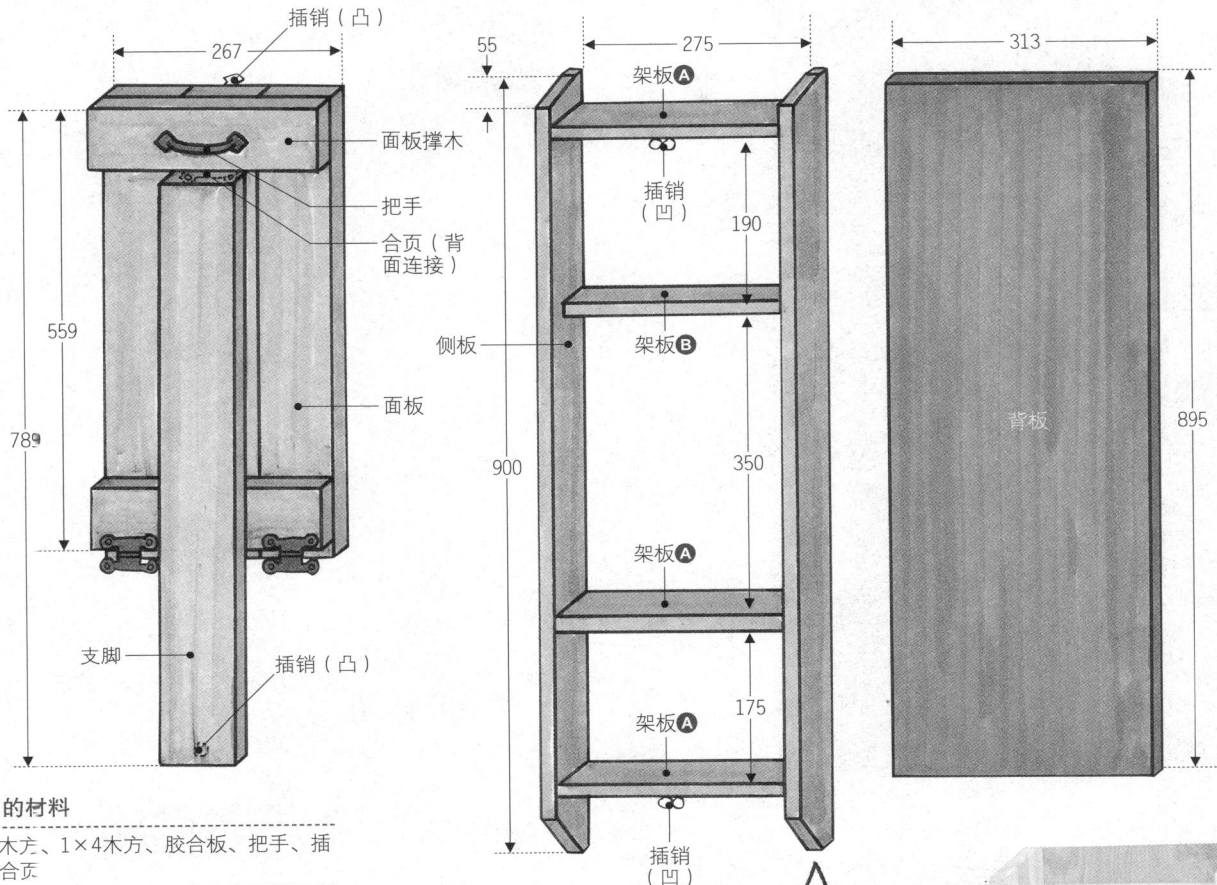

插销（凸）

267

面板撑木

把手

合页（背面连接）

面板

559

789

支脚

插销（凸）

55

275

架板Ⓐ

插销（凹）

190

侧板

架板Ⓑ

900

350

架板Ⓐ

架板Ⓐ

175

插销（凹）

313

背板

895

使用的材料

1×6木方、1×4木方、胶合板、把手、插销、合页

取材表
＊尺寸单位：mm

材料的和类	尺寸	数量	使用部分
1×6木方	900	2	侧板
1×6木方	275	3	架板Ⓐ
1×4木方	559	3	面板
1×4木方	700	1	支脚
1×4木方	267	2	面板撑木
1×4木方	275	1	架板Ⓑ
胶合板(厚4mm)	895×313	1	背板

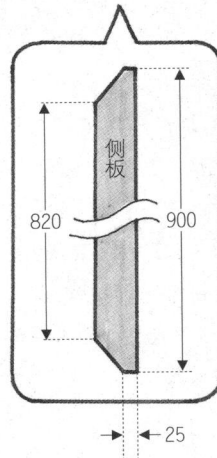

侧板

820

900

25

用合页拼接本体和门页。仔细确认桌面的开合是否顺畅。

本体下侧安装插销(凹)，防止支脚松动。凸侧安装于支脚，稳妥固定。

侧板、架板、背板的组装完成状态。侧板的两端斜线切割。本体完成。

或许，感官印象非常复杂。但是，本作品基本不使用复杂的拼接，简单组装就能完成，适合初学者。

首先，用 2×4 木方制作 2 种 4 片组合的框架，四边安装 2×4 木方的支柱，也就完成了整个骨架，接着安装柜板、顶板及门板，整个制作过程就结束了。拼接方面，除了组合门页的框架板时部分使用暗钉，其他均使用螺钉进行拼接，制作很轻松。

此外，安装 4 个合页拼接的门页时，考虑其自重较大，应细致安装。操作此步骤时，最好有助手帮忙支撑住门页。

装满各种庭院工具的
小置物柜

难易度
★★★

067

SIMPLE WOOD WORKS ★ BEST SELECTION ★ SIMPLE WOOD WORKS ★

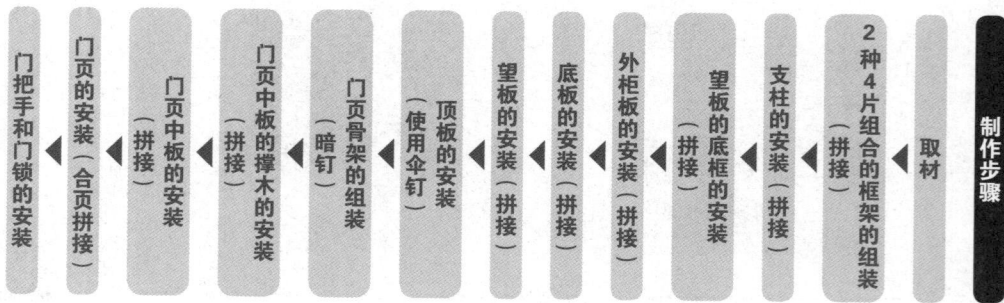

门把手和门锁的安装 ◀ 门页的安装（合页拼接）◀ 门中板的安装（拼接）◀ 门页中板的撑木的安装（拼接）◀ 门页骨架的组装（暗钉）◀ 顶板的安装（使用伞钉）◀ 望板的安装（拼接）◀ 底板的安装（拼接）◀ 外柜板的安装（拼接）◀ 望板的底框的安装（拼接）◀ 支柱的安装（拼接）◀ 2 种 4 片组合的框架的组装（拼接）◀ 取材 ◀ 制作步骤

小置物柜的展开图

＊单位：mm

使用的材料

2×4木方、1×6木方、扁柏12mm、圆棒9mm、针叶树合成板12mm厚、聚碳酸酯波纹板、合页（大）2个、合页（中）2个、门把手、门锁、粗芽螺钉、真空钉、伞钉等

取材表

＊尺寸单位：mm

材料的种类	尺寸	数量	使用部分
2×4木方	970	4	框架Ⓐ
2×4木方	485	6	框架Ⓐ
2×4木方	970	2	框架Ⓑ
2×4木方	523	4	框架Ⓑ
2×4木方	2185	2	支柱（前）
2×4木方	2235	2	支柱（后）
针叶树合成板（厚12mm）	1050×800	1	望板
2×4木方	约890（对应实物）	2	望板底框
2×4木方	约562（对应实物）	2	望板底框
2×4木方	约485（对应实物）	1	望板底框
1×6木方	2130	8	柜板（侧面）
1×6木方	2130	6	柜板（背面）
2×4木方	1900	2	门页中板
2×4木方	667	4	门页中板
1×6木方	455	8	门页中板
1×6木方（切割成97mm）	455	4	门页中板
1×6木方	585	4	门页中板
1×6木方（切割成97mm）	585	1	门页中板
扁柏木（12mm）	667	6	门页中板托木
扁柏木（12mm）	431	4	门页中板托木
扁柏木（12mm）	561	2	门页中板托木
针叶树合成板（厚12mm）	485×428	2	底板
2×4木方（切割成45mm）	485	4	底板托木
2×4木方（切割成45mm）	338	4	底板托木

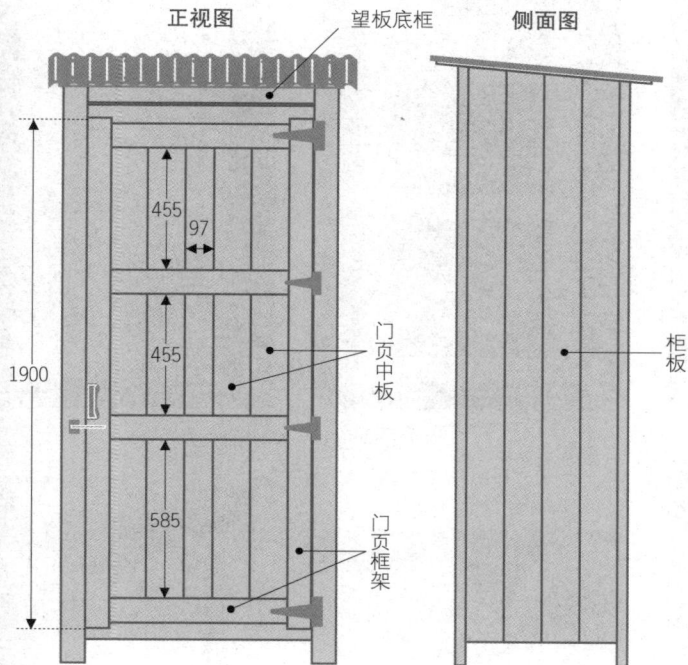

正视图　望板底框　侧面图　门页中板　门页框架　柜板

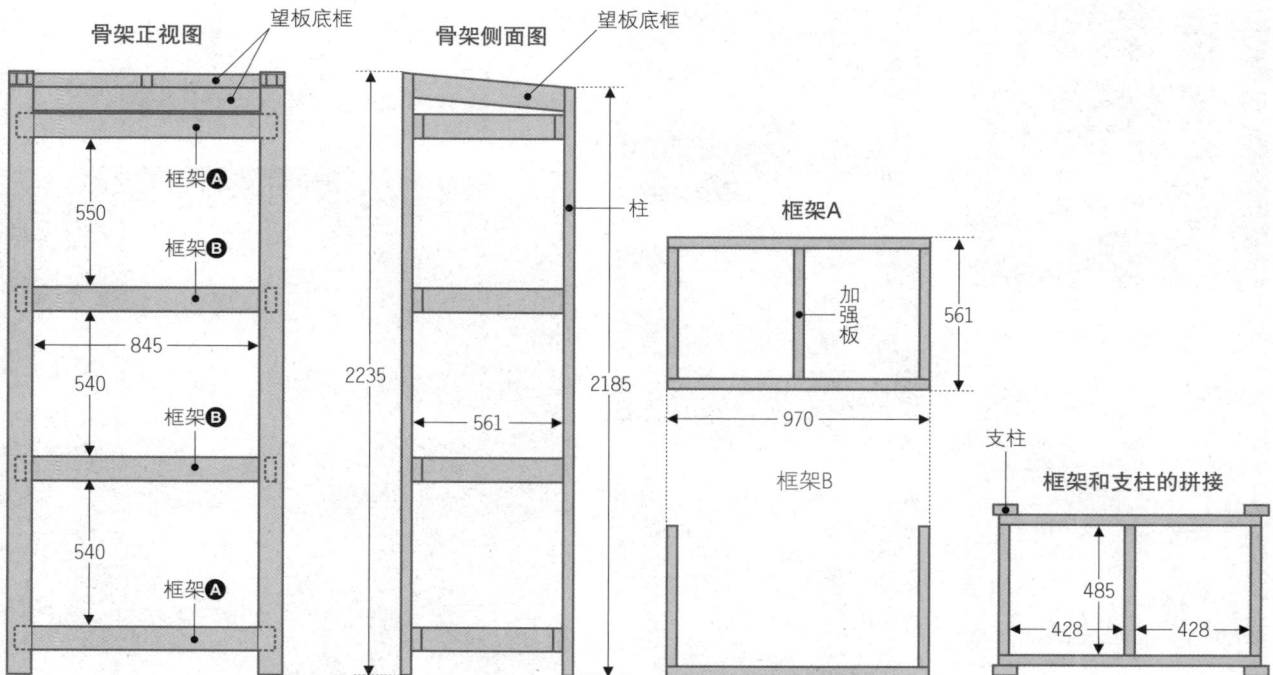

骨架正视图　望板底框　骨架侧面图　望板底框　框架Ⓐ　框架和支柱的拼接

小置物柜的制作方法

01 构成顶板和底板的外框板的框架A，制作2组。

02 框架B的外框组装，同样制作2组。

03 4根支柱安装于框架，完成骨架。而且，前后支架的高度不同。

04 将构成望板托木的挂架安装于顶板（注释：图片中骨架为放倒状态）。

05 柜板安装完成。

06 最底层的框架安装底板的托木（2×4木方切割成45mm宽）。考虑底板的厚度，下降12mm安装。

07 嵌入底板，并固定。

08 安装望板。

09 用伞钉拼接波纹板。

10 组装门页的外框板。这部分在完工后露出，所以需要用暗钉拼接。或者，如果不在意钉头露出，简单拼接也行。

11 门页中板的托木安装于外框板的内侧，使用12mm扁柏木。

门页安装于置物柜本体。如果有人帮忙支撑住门页，该制作过程更轻松。图中为固定工具的支撑。

12 门页的中板安装完成，门页也就安装完成。

14 安装门把手和门锁，完成。

取材

↓

底板的组装（拼接）

↓

侧板的安装（拼接）

↓

侧板的撑木的安装（拼接）

↓

上板的组装（拼接）

↓

上板的安装（合页拼接）

↓

滑轮的安装

↓

把手的安装（拼接）

难易度
★☆☆

068

工具收纳和可移动的乐趣

工具箱

收纳各种工具、带滑轮的移动式便利工具箱。

组装均用螺钉拼接，先将螺钉打入，再用腻子隐藏钉头。

底板使用4片松木组合，放上木条，用螺钉固定。侧板拼接合托木之后，用螺钉固定于底板。

接着，安装前板和背板。上板对照实物制作，通过合页同背板拼接。最后，将把手固定于侧边。

工具箱的展开图
＊单位：mm

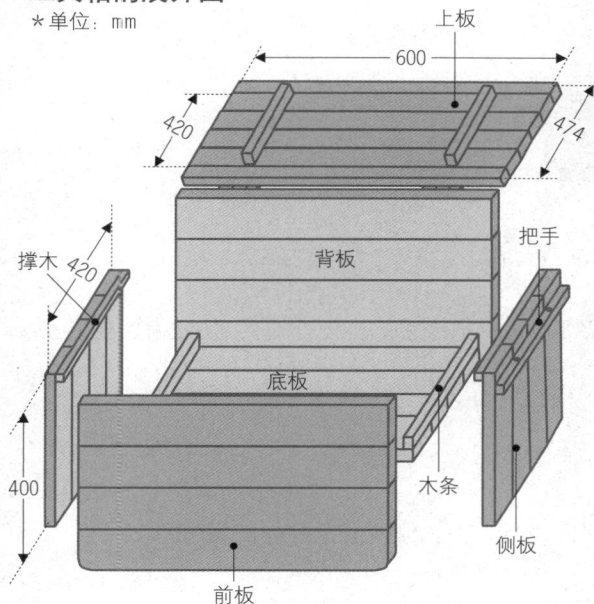

前板和背板的边角使用圆形物品，沿边画墨线，再用曲线锯切割。

用木工腻子隐藏钉头。暗钉技巧之一。

使用的材料

松木（105×27×3000）、边角材料(30×40)、
滑轮（直径75）、麻绳、合页

取材表

			＊尺寸单位：mm
材料的种类	尺寸	数量	使用部分
松木（厚27mm）	105×600	16	底板、上板、前板、背板
松木（厚27mm）	105×400	8	侧板
松木（厚27mm）	27×600	2	上板的两边
边角材料（30mm×40mm）	420	5	上板和底板的木条、把手
边角材料（10mm×27mm）	420	2	侧板的撑木

093

带箱盖、安装4根支脚的作品。关键点是倾斜安装的支脚。如果觉得麻烦，垂直安装支脚也行。但是，为了提高稳定性，最好尝试倾斜安装。而且，单侧的支脚安装了直径100mm的橡胶车轮。

这里使用直径12mm的全螺纹螺栓作为车轴，配合垫圈和螺母、水管卡扣（13A）、金属接头等，固定于支脚的底部。

此外，拼接均使用螺钉（细螺钉），并不复杂。

箱盖的一部分用曲线锯加工成曲线形状，既有把手的作用，又方便开合箱盖。

难易度 ★★★

069

方便收纳各种庭院小工具

移动式花园收纳箱

制作步骤

取材 → 箱盖以外箱体的组装（拼接）→ 箱盖的加工和组装（拼接）→ 支架的加工和组装（拼接）→ 轮胎和车轴的组装 → 箱体和支脚的拼接（拼接）→ 架板的安装（拼接）→ 箱盖的安装（合页拼接）→ 搭扣的安装

移动式花园收纳箱的展开图
*尺寸单位：mm

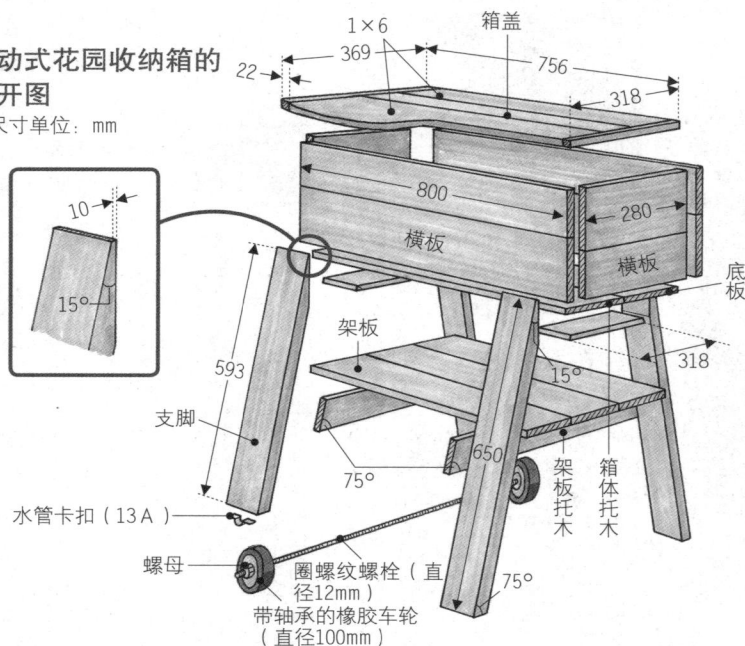

图中标注：1×6、箱盖、22、369、756、318、10、15°、593、支脚、75°、架板、800、横板、280、横板、底板、15°、318、650、架板托木、箱体托木、水管卡扣（13A）、螺母、圈螺纹螺栓（直径12mm）、带轴承的橡胶车轮（直径100mm）、75°

使用的材料

2×4木方、1×6木方、1×4木方、不锈钢合页、带轴承的橡胶车轮（直径100mm）、金属接头、全螺纹螺栓、不锈钢卡扣（13A）、螺母和垫圈、搭扣、合页

取材表
*尺寸单位：mm

材料的种类	尺寸	数量	使用部分
2×4木方	650	2	支脚
2×4木方	593	2	支脚
1×6木方	800	2	箱体部分的横板
1×6木方	280	2	箱体部分的横板
1×6木方	762	2	箱体部分的底板
1×6木方	756	2	箱盖
1×6木方	660	3	架板
1×4木方	800	2	箱体部分的横板
1×4木方	280	2	箱体部分的横板
1×4木方	756	1	箱盖
1×4木方	318	2	箱体托木
1×4木方	596	2	架板托木
1×4木方	369	1	箱盖边缘的框架（切割成22mm宽）
1×4木方	318	1	箱盖边缘的框架（切割成22mm宽）

070

配合自行车制作而成的 运动自行车收纳架

01
箱盖以外的箱体部分组装完成。

02
使用1×6木方和1×4木方，组装完成箱盖。两边加入边框。

03
支脚部分组装完成。同箱体的拼接部分斜线切割，本作品最复杂之处。

04
支脚安装轮胎的状态。从左侧开始，螺母、垫圈、轮胎、垫圈、金属接头、卡扣、垫圈、螺母。

05
轮胎组装完成的状态。

06
箱体和支脚合体的状态。之后，拼接架板，用合页安装完成箱盖。

U 字形的本体组装完成之后，对应自己的自行车，确认间隔是否充足，再交叉固定的自行车架。正面看，左右对称组组装，臂部安装于支柱内侧，支脚安装于外侧，稳定性更高。65mm 的螺钉将 2×4 木方拼接一起，1×4 的木方则使用 35mm 螺钉，对强度要求较高的 2×4 木方的每处拼接点均使用 5 颗螺钉固定。臂部和支脚的支柱呈支脚安装。

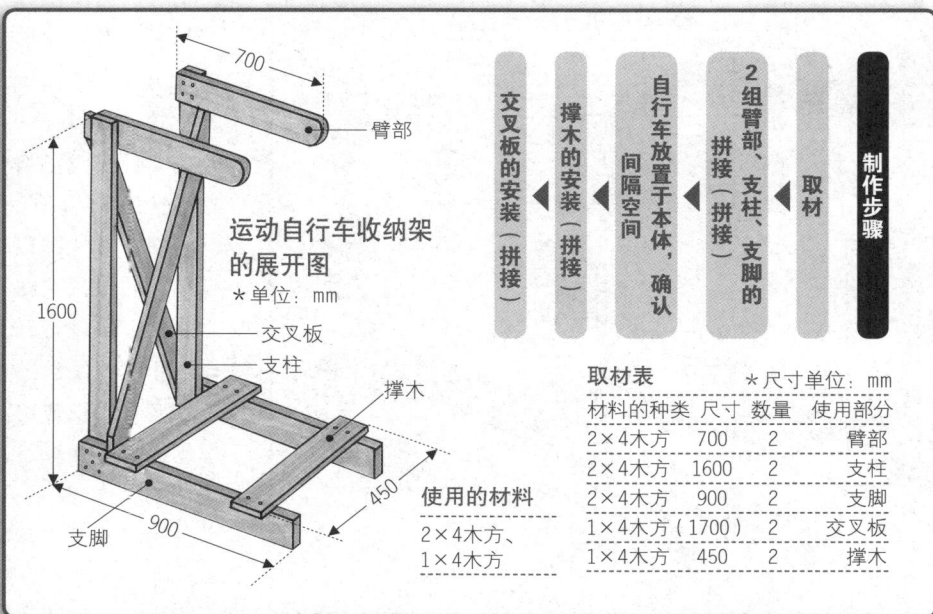

运动自行车收纳架的展开图
*单位：mm

- 臂部
- 交叉板
- 支柱
- 撑木
- 支脚

700
1600
900
450

制作步骤

取材 → 2组臂部、支柱、支脚的拼接（拼接）→ 自行车放置于本体，间隔空间确认 → 撑木的安装（拼接）→ 交叉板的安装（拼接）

使用的材料
2×4木方、
1×4木方

取材表
*尺寸单位：mm

材料的种类	尺寸	数量	使用部分
2×4木方	700	2	臂部
2×4木方	1600	2	支柱
2×4木方	900	2	支脚
1×4木方	(1700)	2	交叉板
1×4木方	450	2	撑木

制作步骤

取材
▼
支柱的加工
▼
车架支撑的加工
▼
车架支撑和支柱的拼接
（拼接）
▼
将贯木插入固定于
支柱的榫眼
▼
藤架的木条和架体本体的
拼接（拼接）

将贯木穿入2根支柱的榫眼。这种状态下，固定于藤架的木条。

利用藤架设计的收纳方式！
架空自行车架

难易度 ★★☆

071

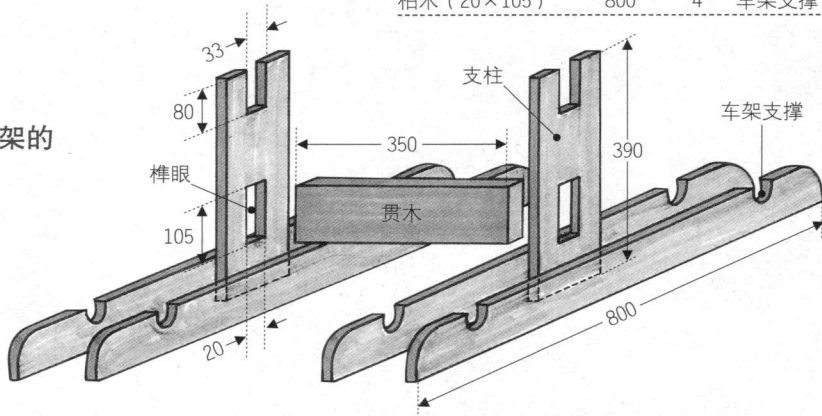

借用藤架顶棚的木条的自行车架。使用3种宽度不同的柏木，或者使用加工方便的2×木方。柏木为硬木，容易开裂。所以，打钉前必须开下孔。

制作方法却很简单。各组件取材之后，直接进行开孔、开槽等细致加工。接着，用螺钉拼接即可。如果悬挂的自行车较重，可采用螺栓及螺母进行拼接。

2根支柱加工完成的状态。开槽和榫眼的加工可使用曲线锯。

4根车架支撑的开槽加工完成状态。

使用的材料

柏木3种
（25mm×120mm、12mm×90mm、20mm×105mm）

取材表   *尺寸单位：mm

材料的种类	尺寸	数量	使用部分
柏木（25×120）	390	2	支柱
柏木（12×90）	350	1	贯木
柏木（20×105）	800	4	车架支撑

架空自行车架的展开图
*单位：mm

33
80
支柱
350
390
榫眼
贯木
车架支撑
105
20
800

制作◎TOP 编辑部

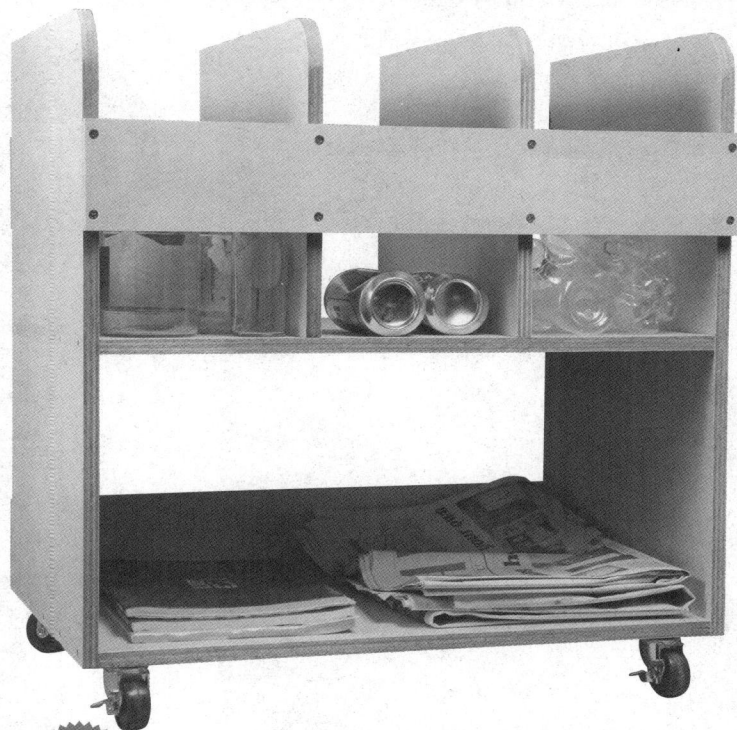

制作步骤

取材

所有材料均加工打钉所用的开孔

侧板和隔板的正面上端边角的曲线加工

隔板和架板的拼接（拼接）

侧板和底板的安装（拼接）

防护用板的安装（拼接）

滑轮的安装

所有取材完成的板均开下孔。下孔的间隔为100mm。开下孔使用钻头（直径3mm）。

难易度
★☆☆

072

SIMPLE WOOD WORKS * BEST SELECTION

使用 1 张合成板
回收分类架

回收分类架
*单位：mm

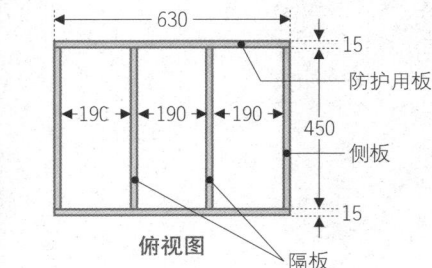

630
15
防护用板
190 · 190 · 190
450
侧板
15

俯视图

隔板

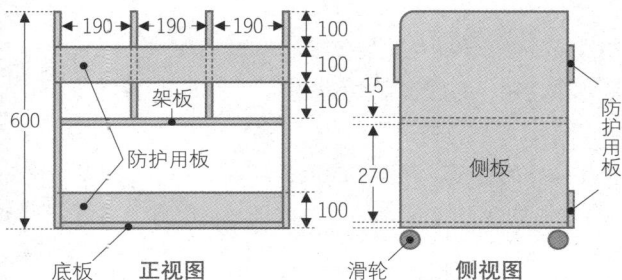

190 · 190 · 190
100
100
架板
100
600
防护用板
底板　正视图

15
270
侧板
滑轮　侧视图

防护用板

使用的材料

椴木合成板（厚15mm）、滑轮

取材表
*尺寸单位：mm

材料的种类	尺寸	数量	使用部分
椴木合成板（厚15mm）	450×600	4	侧板、底板、架板
椴木合成板（厚15mm）	300×450	2	隔板
椴木合成板（厚15mm）	100×630	3	防护用板

木工胶水和螺钉固定搭配组装。

将四种废品（空罐、空瓶、塑料瓶、旧报纸）等分类存放的回收分类架。仅用整张1820mm×910mm合成板为材料，取材时无浪费。

木工胶水和38mm螺钉搭配使用，拼接组装。为了防止入钉时造成材料开裂，用可以开下孔的钻头进行钻孔埋头（参照141页）。

初学者也能轻松制作的

带扇形格架的花盆盒

制作步骤

- 取材（盒体部分）
- 盒体的组装（拼接）
- 滑轮的安装
- 格架的安装（拼接）

庭院中必不可少的花盆盒，创意出个性化的效果。

这里介绍的是一款底部带滑轮，还配置了方便藤蔓植物生长的格架。

取材表中的格架制作尺寸均为参考，制作时参照具体情况。右页介绍了另外2种不同造型的格架。

花盆盒的展开图
*单位：mm

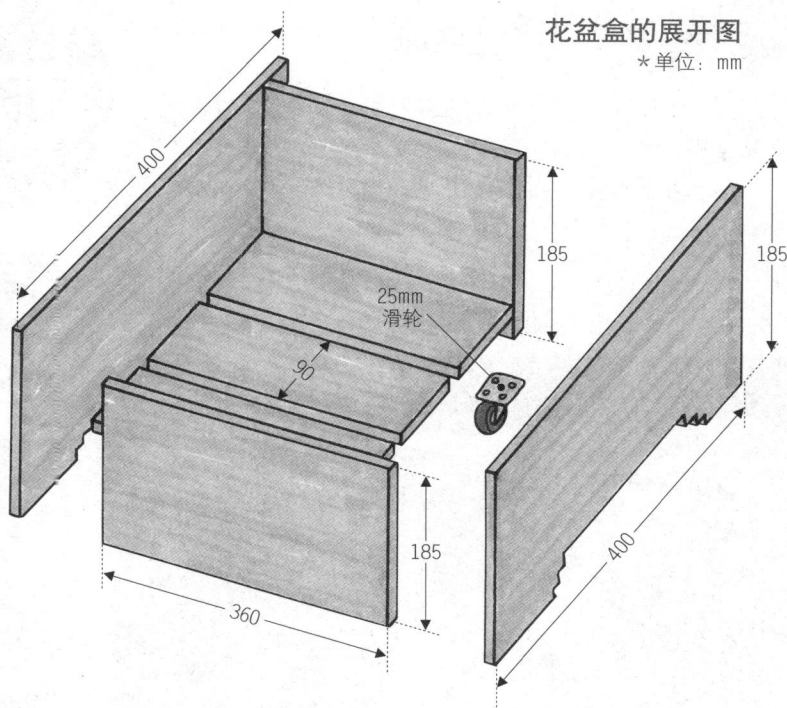

25mm
滑轮

400
185
185
90
185
360
400

使用的材料
红松木（厚19mm）、25mm滑轮

取材表 　　　　　　　　　　　　　*尺寸单位：mm

材料的种类	尺寸	数量	使用部分
红松木（厚19mm）	400×185	2	侧板
红松木（厚19mm）	360×185	2	侧板
红松木（厚19mm）	360×90	3	底板
红松木（厚19mm）	50×(1000~1200)	5	格架
红松木（厚19mm）	50×(300~600)	7	格架

将滑轮安装于盒体底板的背面。底板控开合适的间隔。

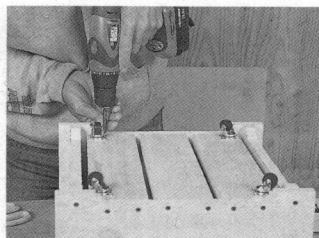

试着将格架材料摆放于完成的盒体，进行微调。接着，自由设计出造型。

就像太阳光线照射般的图案，植物仿佛置身于暖房中。

网格状的花盆盒的实例。

扇形格架的展开图
*单位：mm

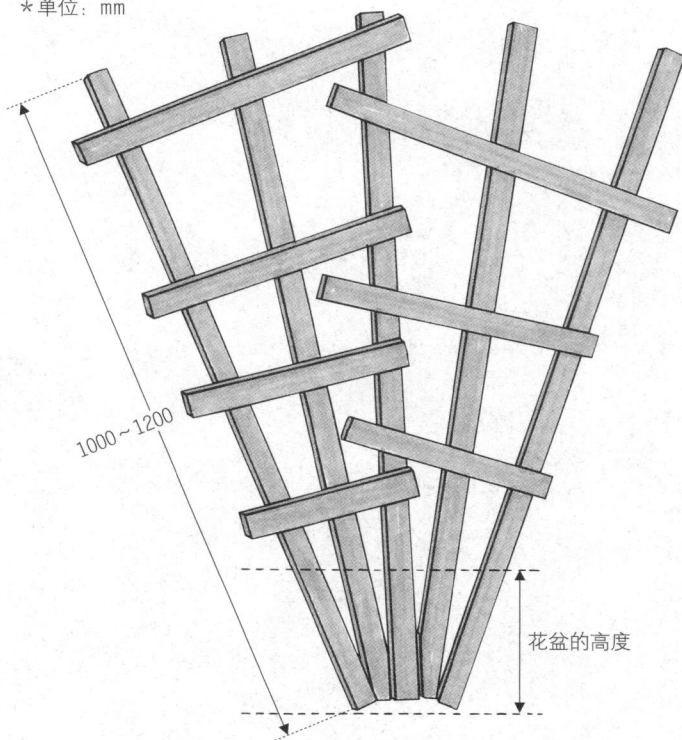

1000~1200

花盆的高度

难易度
★☆☆

074

可以摆放花盆的
多功能花园架

制作步骤

取材

↓

下层横板（架板的托木）
和支脚的拼接

↓

中层横板（架板的托木）
和支脚的拼接

↓

上层横板（架板的托木）
和支脚的拼接

↓

架板的安装（拼接）

仅使用1×4木方制作的简单作品。可以放置庭院使用的工具，还可以坐着休息。如果只是放置花盆，就是一个花盆架。

3层架体的设计，空间充分利用。或者，可以设计成2层，底层改造成围椅，上层改造成桌面。

拼接面均用35mm螺钉进行单纯拼接。正确切割材料、正确拼接就能立刻完成。

使用的材料

1×4木方

取材表　　　＊尺寸单位：mm

材料的种类	尺寸	数量	使用部分
1×4木方	1420	4	下层架板的托木
1×4木方	820	4	中层架板的托木
1×4木方	400	4	上层架板的托木
1×4木方	1200	4	支脚
1×4木方	600	4	支脚
1×4木方	320	4	支脚
1×4木方	600	14	架板

多功能花园架的三面图　＊单位：mm

俯视图

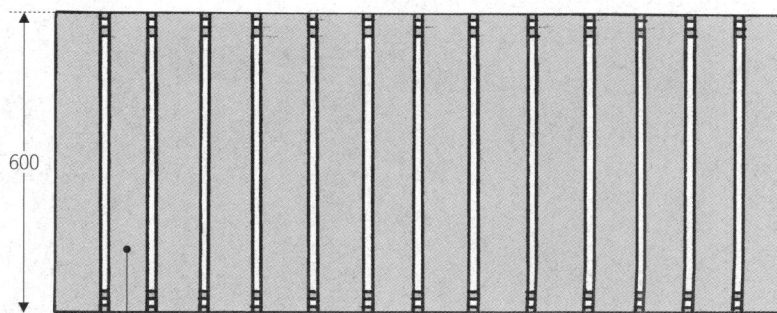

架板

正视图

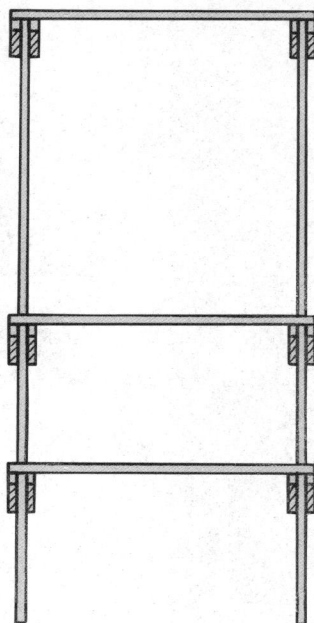

侧视图

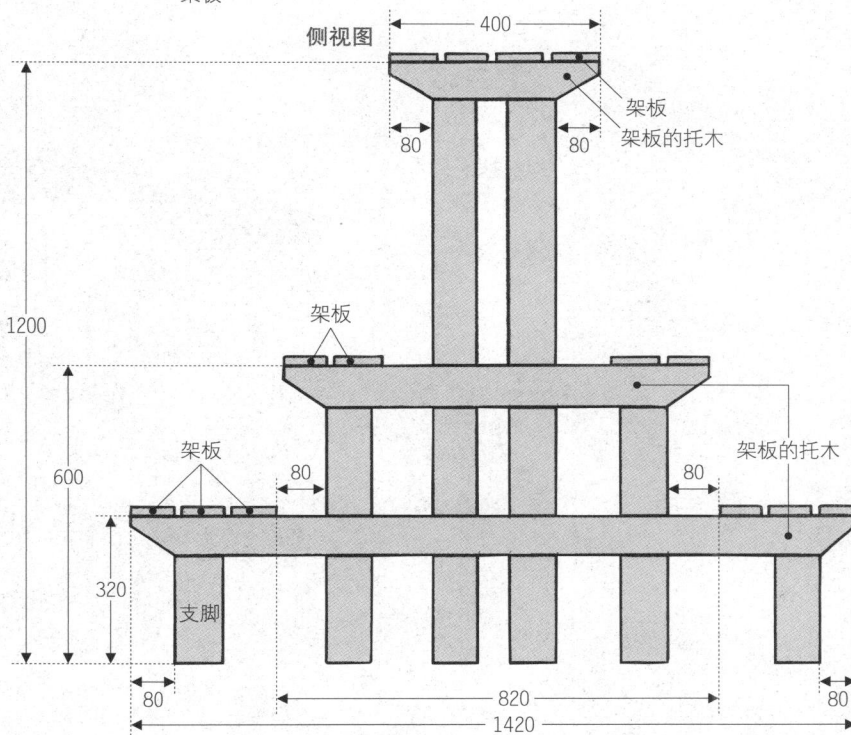

架板
架板的托木
架板
架板的托木
架板
支脚

400
80　80
1200
600
320
80
820
1420
80

完成。仅架板进行涂装。此外，还可以将3层改成2层，加宽架板，再将下层改造成围椅。

下层架板安装中。接着，安装中层架板和上层架板。

拼接上层、中层、下层的横板及支脚，三层横板连接支脚。同样结构制作2组，加上架板就能完成整件作品。

075

难易度 ★☆☆

台阶架板的精美质感

台阶式花盆架

1×4木方组装成框体，再架设台阶状架板的精美花盆架。

材料只用1×4木方。而且，不需要进行宽度加工，取材简单。按照图纸取材完成后，将侧板和托板安装于底板。此时，应在各组件的安装位置画墨线，这样排列更整齐。

拼接使用冲击式螺丝改锥（钻头螺丝改锥），进行简单的拼接。最为麻烦的就是拼接时材料的反力。1×4木方并不厚，所以容易扭曲变形。此时，可以用卡具固定材料，再进行拼接。而且，角度也容易发生偏移，组装时应时常留意是否保持直角。

制作步骤

取材

底板、侧板、托板、架板的拼接（拼接）

顶板的拼接（拼接）

制作◎石川丰花

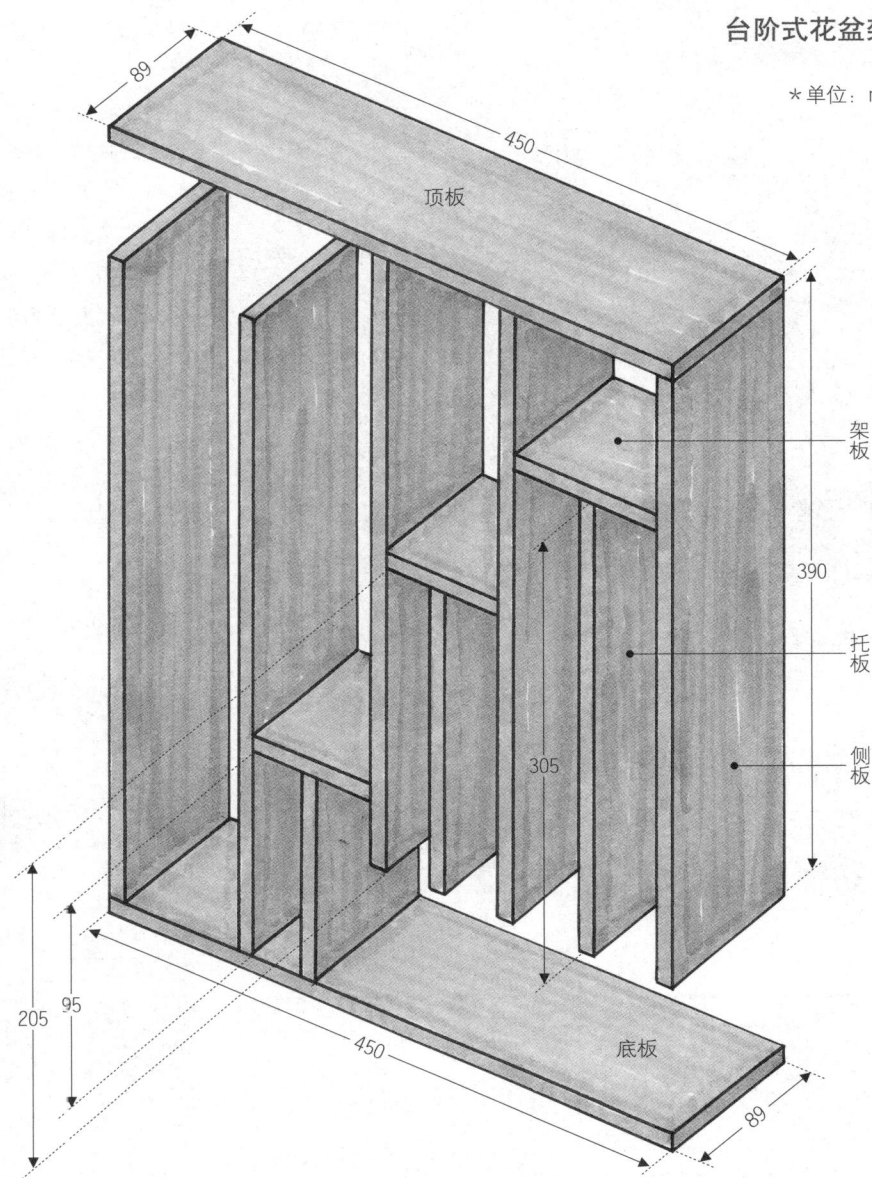

台阶式花盆架

*单位：mm

顶板

450

89

架板

390

托板

305

侧板

底板

205

95

450

89

使用的材料

1×4木方

取材表　　　　*尺寸单位：mm

材料的种类	尺寸	数量	使用部分
1×4木方	450	2	顶板、底板
1×4木方	390	5	侧板、托板
1×4木方	305	1	托板（右）
1×4木方	205	1	托板（中）
1×4木方	95	1	托板（左）
1×4木方	89	3	架板

从底板的端部分别组装侧板、托板、架板。

拼接顶板，组装完成框架。

用卡具或夹具等固定，确认各安装部分保持直角，如有错位就修整。

制作几个涂装过的，组合一起更有趣味。

窗户形状的实例。

就像木桶对半切割而成的漂亮的盆栽盒。附带方便携带的提手，再隔断出3个部分。底部是5片木材组装而成的弧线，这个工序比较困难。因此，隔板的边角切割也非常重要。

首先，参考图纸制作纸型，并以此在木材上正确描印，确保完好的制作效果。将支脚固定于本体时，从本体侧打钉稍稍露出，再从外侧轻轻插入支脚，这样的拼接效果更佳。

难易度 ★★☆

076

享受各种植物的乐趣
带隔板的盆栽盒

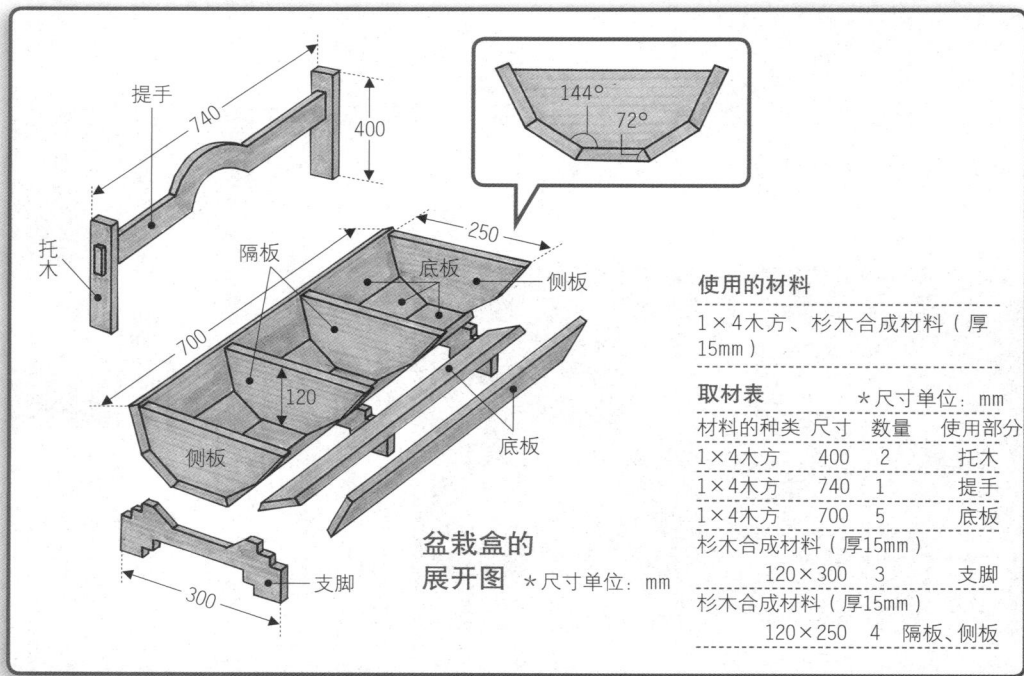

用合成板等加工隔板及侧板，制作纸型更方便。

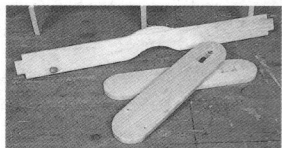

提手和托木加工完成。托木的四角开榫眼。虽然有些麻烦，用钻头和锥子会方便许多。

制作步骤

取材
↓
隔板、侧板和底板的拼接（拼接）
↓
拼接本体在边角材料上画墨线
↓
加工支脚并固定于本体（拼接）
↓
加工提手和托木
↓
固定托木和提手（榫眼拼接）

提手 740
400
托木

144°
72°

隔板
底板
侧板
250
700
120
侧板
底板

支脚
300

盆栽盒的
展开图 ＊尺寸单位：mm

使用的材料

1×4木方、杉木合成材料（厚15mm）

取材表　　　　＊尺寸单位：mm

材料的种类	尺寸	数量	使用部分
1×4木方	400	2	托木
1×4木方	740	1	提手
1×4木方	700	5	底板
杉木合成材料（厚15mm）			
120×300	3		支脚
杉木合成材料（厚15mm）			
120×250	4		隔板、侧板

能够安稳放置大花盆的花盆架。支脚及撑木的前端切割成圆形，兼具装饰性。而且，前支脚的下端加工也会很轻松。其中，作品顶端用螺栓固定，支脚前端必须切割成角度。但是，这样切割成圆形，就省去精确切割角度的麻烦。

另一个关键是，两个支脚的顶点是搭接加工。为了使前支脚和后支脚同平面拼接，拼接面都要进行搭接加工。用锉刀仔细加工即可。

大花盆也能容纳在内的

双层花盆架

制作步骤

架板撑木的安装（拼接） ◀ 架板的安装（拼接） ◀ 前支脚和后支脚的拼接（螺栓和螺母的拼接） ◀ 支脚上端的搭接加工 ◀ 支脚前端的曲线加工 ◀ 取材 ◀ **制作步骤**

左右对称的支脚安装完成的状态。后支脚一定要保持垂直。

前端切割成圆形，再按一半厚度进行搭接加工。曲线加工使用曲线锯，搭接加工使用圆锯。

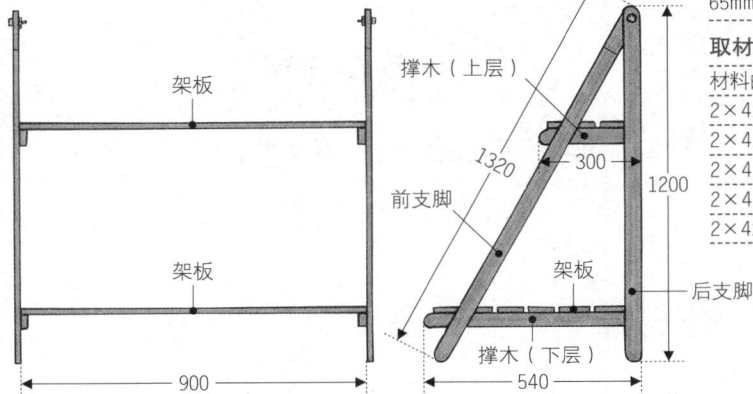

双层花盆架
＊单位：mm

架板
架板
架板

撑木（上层）
前支脚
架板
后支脚
撑木（下层）

1320
300
1200
900
540

使用的材料

2×4木方、螺栓（直径10mm、长65mm）2颗

取材表
＊尺寸单位：mm

材料的种类	尺寸	数量	使用部分
2×4木方	900	8	架板
2×4木方	1200	2	后支脚
2×4木方	1320	2	前支脚
2×4木方	540	2	撑木（下层）
2×4木方	300	2	撑木（上层）

4 根支脚稳固支撑面板，可用作登高架，也可用作凳子，还可用作花盆架。支脚的内边，距面板110mm 位置开始倾斜切割。各支脚抵住中心位置的木方，打钉拼接。为了防止钉子间干涉，各面打钉位置应该高低错开。面板材料为正方形，再将各边角切割掉，形成八边形。

支脚和面板的拼接，从面板正面打入钉子，暗钉处理（参照 142 页），确保表面看不见钉头。

简单设计的 多功能花盆架

使用的材料

合成板（厚16mm）、木方（50mm×50mm）

取材表 　　　　　　　 *尺寸单位：mm

材料的种类	尺寸	数量	使用部分
合成板（厚16mm）	360×130	4	支脚
合成板（厚16mm）	280×280	1	面板
木方（50×50mm）	90	1	支脚

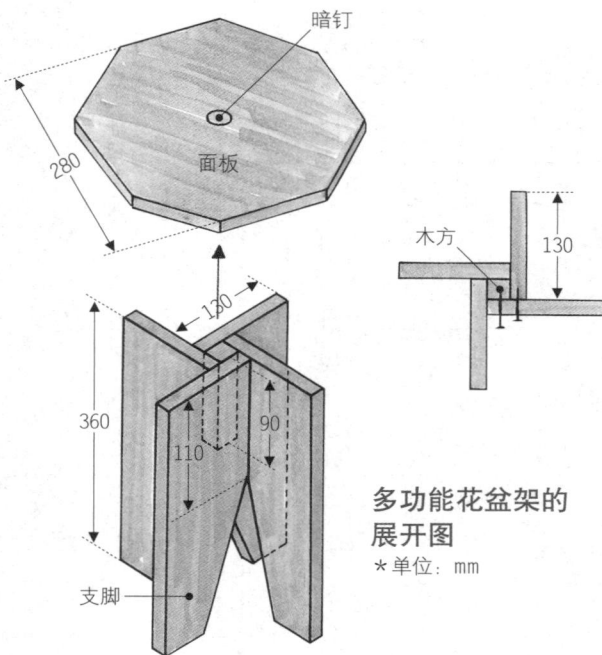

暗钉

面板

280

木方

130

360

120

110

90

支脚

多功能花盆架的展开图

*单位：mm

支脚逐个拼接于中央木方的各面。

制作步骤

取材
▼
中央木方和支脚的拼接（拼接）
▼
面板加工成八边形
▼
面板和支脚的拼接（暗钉）

079

支脚设计精美的

A 支脚花盆架

制作步骤

取材

2 组支脚前端的斜线切割（对照实物）

2 组的上撑木和下撑木的安装〔拼接〕

下侧架板的安装〔拼接〕

面板的安装〔拼接〕

正如其名，骨架呈现 A 字形状的花盆架。关键点是 A 框架的顶点边角的配合方法。支脚搭接部分和支撑面板部分需要切割加工。稍稍延长尺寸取材，对照实物细致切割，效果更佳。

为了保证架板的排水性和透气性，架板组装时空开 20mm 间隙。参考取材表制作即可，除了边角加工，其他各尺寸可自由调整。

使用的材料

1×4木方

取材表 ＊尺寸单位：mm

材料的种类	尺寸	数量	使用部分
1×4木方	700	3	面板
1×4木方	600	4	下侧架板
1×4木方	(574)	4	支脚
1×4木方	600	2	下撑木
1×4木方	280	2	上撑木

2个A框架组合完成状态。

A支脚前端部分。对照实物画墨线，加工更简单。

A支脚花盆架的展开图

＊单位：mm

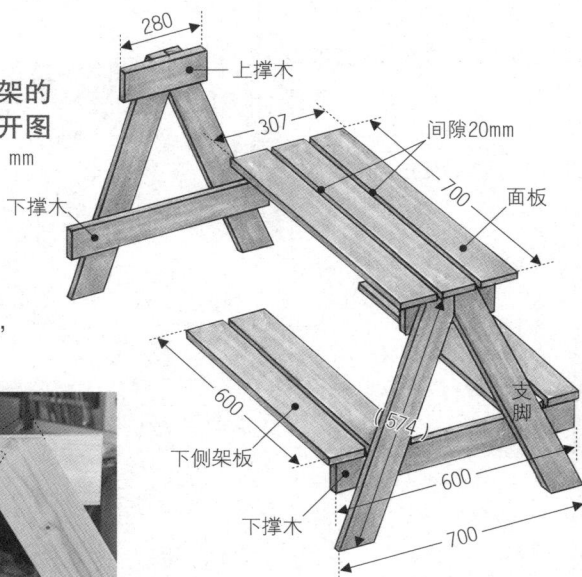

280 上撑木

307 间隙20mm

下撑木 面板

700

600 (574) 支脚

下侧架板

下撑木 600

700

使用2×木方制作的庭院作业台。再将其设计为兼用花园长椅的高度。用圆锯或手锯切割，再用螺钉简单拼接，初学者也能完成。只要掌握基本结构，材料的选择或尺寸的调节都任意。

组装的关键点是，最下层的加强板的安装。座板完全安装完成之后，就不方便打钉子，应在座板之前安装加强板。

难易度 ★☆☆

080

庭院作业中大有所为的

花园
工作台兼长椅

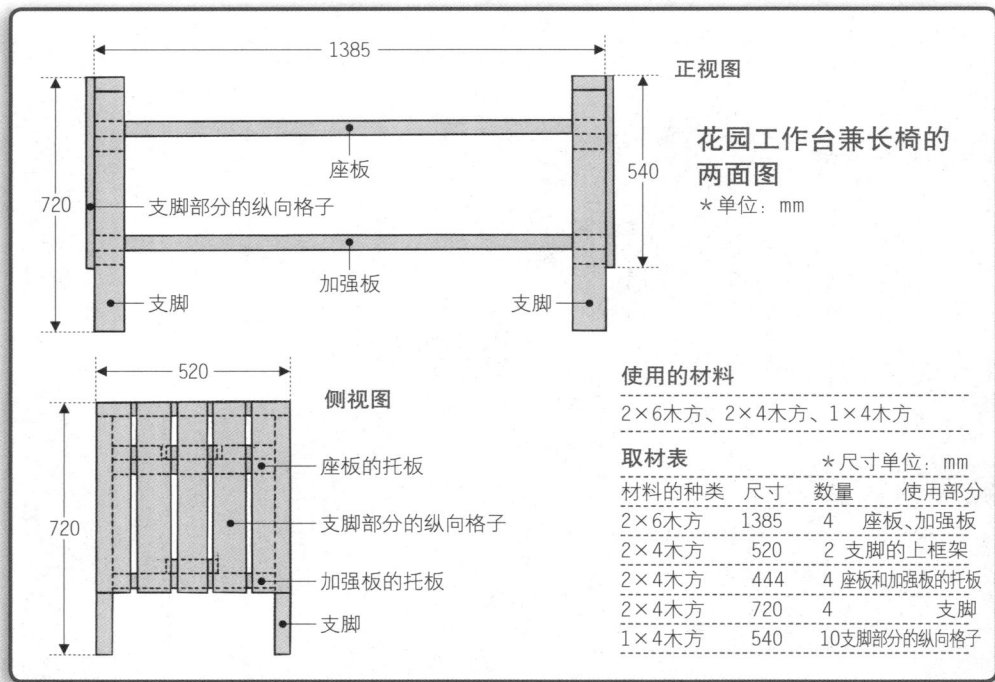

两侧支脚的组装完成状态。

座板的安装，钉子稍稍倾斜打入。

花园工作台兼长椅的两面图
*单位：mm

正视图

- 座板
- 支脚部分的纵向格子
- 加强板
- 支脚
- 支脚

1385　540　720

侧视图

- 座板的托板
- 支脚部分的纵向格子
- 加强板的托板
- 支脚

520　720

使用的材料

2×6木方、2×4木方、1×4木方

取材表
*尺寸单位：mm

材料的种类	尺寸	数量	使用部分
2×6木方	1385	4	座板、加强板
2×4木方	520	2	支脚的上框架
2×4木方	444	4	座板和加强板的托板
2×4木方	720	4	支脚
1×4木方	540	10	支脚部分的纵向格子

制作步骤

取材
▼
两侧支脚外框的组装（拼接）
▼
纵向格子的安装（拼接）
▼
加强板的安装（拼接）
▼
座板的拼接（拼接）

另用边角材料制作的三角花盆架。不使用钉子或螺钉，只用黏合剂拼接。

面板和底板切割成三角形。支脚用随意形状切割的 2×4 木方，再用圆棒穿孔拼接。

这里使用了 10mm 的圆棒，钻头则使用 12mm 规格。插入圆棒，组装就能简单完成。拼接底板和面板的面使用瞬间黏合剂。

制作步骤

面板、底板的加工

支脚（2×4 边角材料）的开孔加工

圆棒穿入支脚，拼接于面板和底板

难易度
★☆☆

SIMPLE WOOD WORKS BEST SELECTION

081

利用边角料搭积木般制作的
三角花盆架

三角花盆架的结构图 ★单位：mm

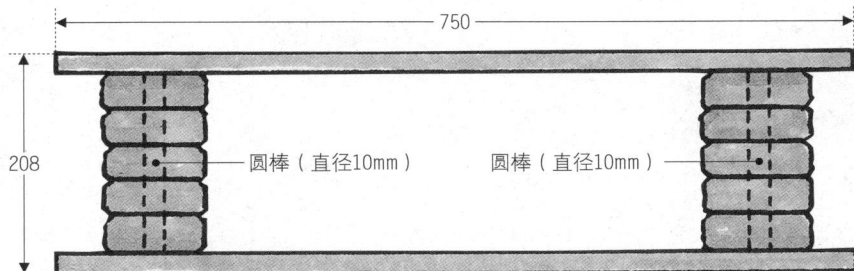

750

208

圆棒（直径10mm）　　　圆棒（直径10mm）

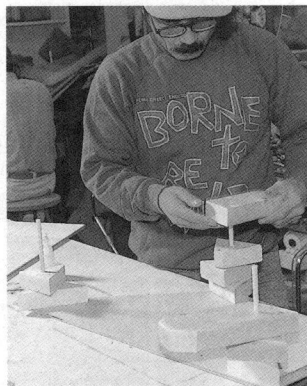

将圆棒穿入随意形状切割的 2×4 边角材料。拼接面涂抹黏合剂。

使用的材料

2×4 木方、合成板（厚9mm）、圆棒（直径 10mm）、木工用瞬间黏合剂

取材表　　　　　　　　　　　　　　★尺寸单位：mm

材料的种类	尺寸	数量	使用部分
24 木方边角料	随意形状切割	15	支脚
合成板（厚9mm）	斜边 750mm 的直角三角形	2	面板、底板

制作◎白井糺

制作步骤

取材

↓

支脚和外侧横板的拼接（拼接）

↓

纵板的安装（拼接）

↓

横板的安装（拼接）

↓

衬板的安装（拼接）

↓

铺上胶合板和榻榻米

座面的托木组装完成之后，铺上衬板。衬板高出纵板及横板22mm（胶合板厚度+榻榻米厚度）的位置。

在树荫下享受清凉

榻榻米长桌

难易度 ★☆☆

SIMPLE WOOD WORKS★BEST SELECTION★

082

木工初学者也能轻松完成的花园作品。2×木方容易加工，一个手锯就能完成制作。拼接方法用螺钉或钉子。

此处，成品没有涂装，如果在室外使用，最好使用防水漆。

制作关键是座面的榻榻米。从建材中心可以购得，或者旧榻榻米也行。而且，制作之前，应对应榻榻米的尺寸进行材料的切割。

榻榻米长桌

*单位：mm

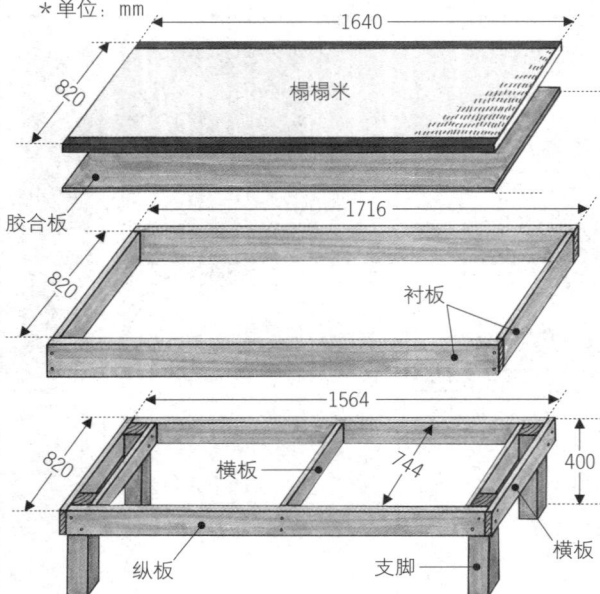

使用的材料

2×6木方、2×4木方、合成板（厚2mm）、榻榻米（20×820×1640mm）

取材表　　　　　　　　　　　*尺寸单位：mm

材料的种类	尺寸	数量	使用部分
2×6木方	1716	2	衬板
2×6木方	820	2	衬板
2×4木方	1564	2	纵板
2×4木方	820	2	横板
2×4木方	744	3	横板
边角材料（75mm）	400	4	支脚
胶合板（厚2mm）	820×1640	1	座面基底

制作◎TOP 编辑部

铺上底板之后，用曲线锯切割放置水池的圆形。

制作步骤

取材
↓
框架的组装（拼接）
↓
托木、加强板的安装（拼接）
↓
铺设底板（拼接）
↓
衬板的安装（拼接）
↓
加工水池的抠图
↓
支脚的安装（拼接）

基底完成的状态。铺上水池的纸型，安装加强板和托木。

难易度 ★★☆

SIMPLE WOOD WORKS *BEST SELECTION*

083

大人、小孩都喜欢的
小水台

小木甲板的一部分抠图成圆形，放上成品的充气水池，就是一个简单的小水台。框架、支脚、托木使用2×4木方，底板和衬板等使用1×4木方制作。而且，拼接均用螺钉，适合初学者的木工作品。

制作关键是基底的组装，铺上水池尺寸的纸型（对照实物），确定托木和加强板的位置。支脚安装前，先放入水池，并放满水确认水池的高度。

此外，如果剩余材料较多，可制作成简单的凳子，并安装于底板。

椅子　床板
衬板D
920
1822
1300
(610)　340　340
托木
1746
加强板　框架板A　衬板C　支脚
框架板B
1300
衬板D
1860

小水台的展开图
＊单位：mm

使用的材料

2×4木方、1×6木方、1×4木方、充气水池（直径800mm）

取材表　＊尺寸单位：mm

材料的种类	尺寸	数量	使用部分
2×4木方	1746	2	框架板A
2×4木方	1300	2	框架板B
2×4木方	1244	3	托木
2×4木方	(610)	4	加强板
2×4木方	170	9	支脚
1×6木方	1860	2	衬板C
1×6木方	1300	2	衬板D
1×4木方	1822	14	底板

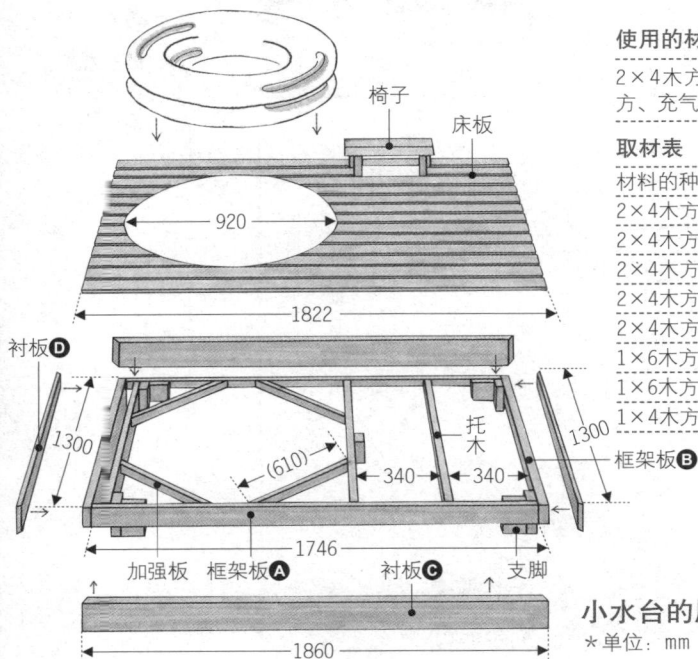

制作◎臼井纪

1× 木方制作的
超简单室外机护罩

面向木甲板或主庭院的空调室外机。未免影响整体景观和谐，可用护罩将其隐蔽装饰。常见的是条状的格栅，本篇介绍的使用1×木方制作护罩的简单方法。

室外机周围用1×4木方包住，顶板用1×6木方。稍稍有些麻烦的就是顶板需要切割小口，为了避让管线。但是，只要用手锯和锉子就能轻松完成。

将1×4木方切割成比室外机稍大的尺寸，并组装成形。

制作步骤

取材 ◀ 正面面板和支脚的组装（拼接）◀ 右侧面板和支脚的组装（拼接）◀ 正面面板和右侧面板的安装（拼接）◀ 左侧设置顶板的托板（拼接）◀ 顶板的组装（拼接）◀ 顶板的管线避让开口加工 ◀ 顶板的设置（盖上即可）

超简单室外机护罩

＊单位：mm

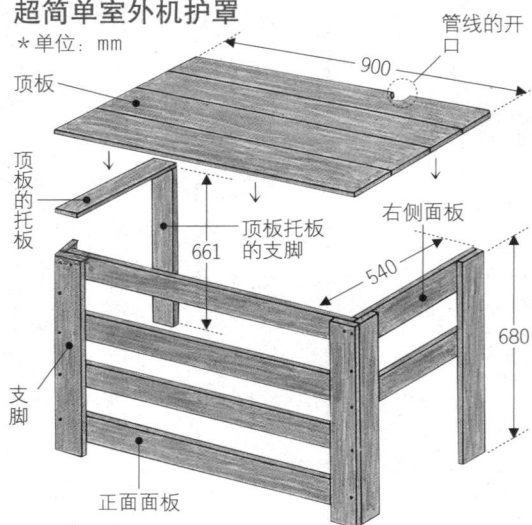

- 顶板
- 顶板的托板
- 顶板托板的支脚
- 右侧面板
- 支脚
- 正面面板
- 管线的开口
- 900
- 661
- 540
- 680

使用的材料

1×6木方、1×4木方

取材表

＊尺寸单位：mm

材料的种类	尺寸	数量	使用部分
1×6木方	900	4	顶板
1×6木方	680	5	支脚
1×4木方	830	4	正面面板
1×4木方	540	3	右侧面板顶板的托板
1×4木方	661	1	顶板托板的支脚

管线通过位置。

取材

组装边角的支脚
（拼接）

边角的支脚和正面、
侧面面板的拼接
（拼接）

侧面面板的安装
（拼接）

正面面板的安装
（拼接）

支撑顶板的撑木的组装和
安装（拼接）

顶板的组装（拼接）

顶板的设置（盖上即可）

正面面板进行小狗剪影的挖
图加工

金属网固定于剪影内侧，用
边角材料固定边缘

难易度
★★☆

085

SIMPLE WOOD WORKS ★ WOOD WORKS ★ BEST SELECTION ★

可爱的小狗造型剪影

宠物风的室外机护罩

正面为可爱小狗剪影的空调室外机护罩。爱狗一族一定会喜欢，或者制作成花朵、星星等各种图案都行。首先，制作4根构成本体边角的支脚，正面面板和侧面面板拼接于此，最后固定顶板。

为了保证透气性，侧面面板间距很充足。正面的小狗剪影的挖图也是在本体完成后实施，用曲线锯即可，最后内侧固定金属网。此外，所用的柏木较坚硬、容易被钉裂，需要开下孔后打螺钉。

室外机护罩的展开图

提手
顶板
830
450
388
顶板
支撑顶板的撑木（3根）
顶板的内侧撑木
720
420
正面面板
支脚
金属网
侧面面板
830

室外机护罩的展开图
*单位：mm

使用的材料

柏木（16mm×90mm）、金属网（500mm×500mm）

取材表
*尺寸单位：mm

材料的种类	尺寸	数量	使用部分
柏木（16mm×90mm）	830	14	顶板、正面面板、顶板的内侧撑木
柏木（16mm×90mm）	388	3	支撑顶板的撑木
柏木（16mm×90mm）	420	10	侧面面板
柏木（16mm×90mm）	720	8	支脚
柏木（16mm×90mm）	450	2	顶板侧面的提手

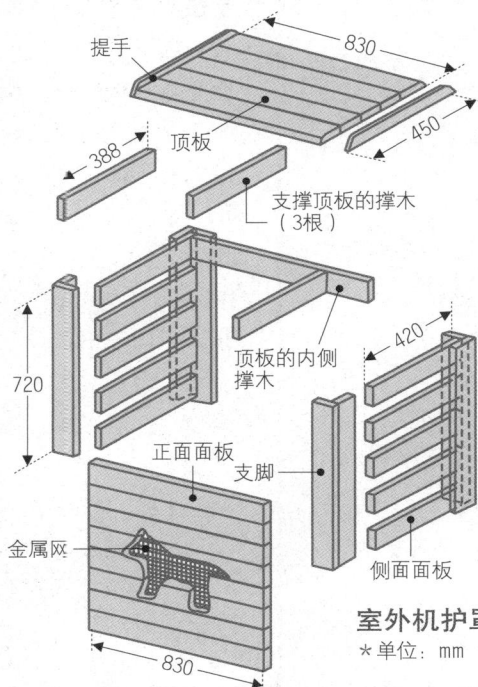

支撑顶板的撑木的组装。

金属网于内侧，用边角材料固定四周。

剪

画
框

画框的对角接口按45°切割固定加工（切角加工）、修边加工（参照114页），这也是制作的关键。所以，准确切割很重要，这里采用的是手锯导架（参照138页）。

拼接框架板时使用木工用黏合剂。再用相框固定带（参照135页）固定，或者用长绳子固定也行，等待胶水干固。为了增加相框的拼接强度，这里用铆钉机（大订书机）固定，或者在拼接面垫上薄板，用波纹钉固定。

使用的材料

松木、亚克力板、木工黏合剂、塑料蜂窝板、压片、挂钩

取材表 　　　　　　　*尺寸单位：mm

材料的种类	尺寸	数量	使用部分
松木（厚17mm）	36×360	2	框架板 A
松木（厚17mm）	36×288	2	框架板 B
亚克力板（厚3mm）	300×228	1	窗板
塑料蜂窝板（厚5mm）	300×228	1	压板

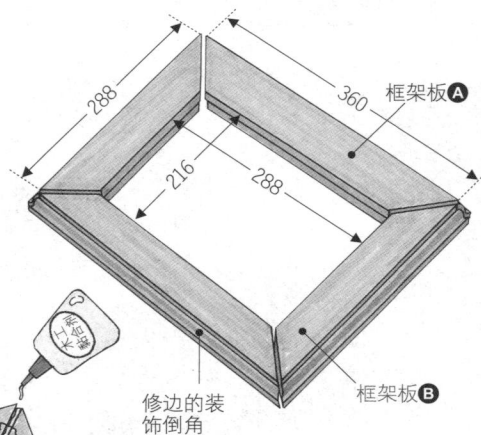

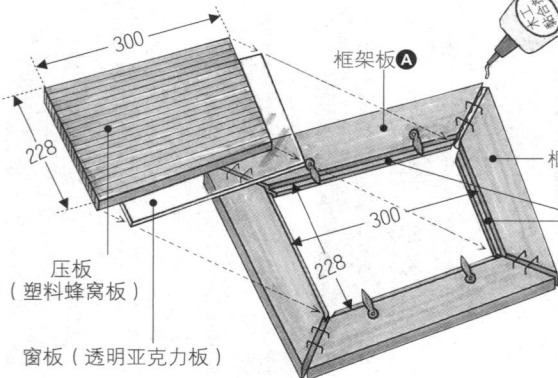

288
360　框架板 A
216
288
修边的装饰倒角
框架板 B

画框的展开图
*单位：mm

300
框架板 A
228
框架板 B
修边的开槽加工
300
228
压板（塑料蜂窝板）
窗板（透明亚克力板）

　制作◎白井糺

框架板的切角加工

框架板内侧的开槽加工
（使用修边刀）

框架板的拼接（黏合剂）

框架板外侧装饰的倒角加
工（使用修边刀）

框架板的拼接强化
（使用铆钉机）

窗板（亚克力板）和压板
（塑料蜂窝板）的加工

压片和挂钩的安装

使用曲线锯，按45°切割框架板。

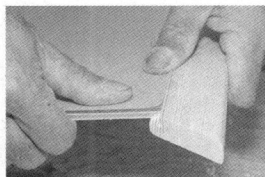

使用修边机开槽加工（参照143页）的框架板内侧。对比亚克力板和塑料蜂窝板确认厚度，保证开槽深度的准确性。

框架的拼接使用木工用黏合剂，并用相框固定带固定。

框架板的外侧装饰倒角仍然用修边机制作装饰倒角。

难易度 ★☆☆

087

SIMPLE WOOD WORKS★BEST SELECTION★WOOD WORKS★

用边角材料制作的小玩具
滑轮小猪

加工完成，将组件涂装。圆棒的直径为8mm，孔的直径为10mm。为了使车轮转动，开孔内侧和圆棒不需要涂装。

滑轮小猪的展开图　　*单位：mm

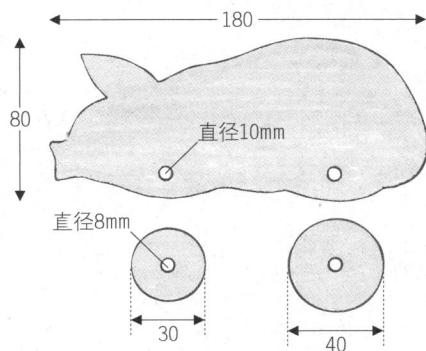

180

80

直径10mm

直径8mm

30

40

使用的材料

2×4木方、圆棒（直径8mm）

取材表　　*尺寸单位：mm

材料的种类	尺寸	数量	使用部分
2×木方边角材料	80×180	1	本体
1×木方边角材料	40mm直径	2	车轮
1×木方边角材料	30mm直径	2	车轮
圆棒（直径8mm）	85	1	车轴
圆棒（直径8mm）	85	1	车轴

作业步骤

材料的挖图加工

车轮的涂装

　　长30cm左右的合适边角料就能制作的小玩具。用圆锯（或线锯）加工材料，再将圆棒穿入钻头开的轴孔就能组装完成。最后，再用砂纸或砂轮打磨边角，外观效果更佳。

088

木制画架

可用作画架或展示架

三角形的简单画架。左右支脚带角度，上下撑木的端部需要切割角度。对照实物画墨线，制作更轻松。上下撑木安装之后，按照制作步骤进行。此外，各组件的组装开下孔后打钉，最后大多使用木塞的暗钉。制作方法比较简单，成形效果美观。

制作步骤

取材
↓
左右支脚和上下撑木的拼接（暗钉）
↓
开凿支撑画台的圆棒插孔
↓
拼接后支柱和托木（拼接）
↓
画台的组装（拼接）
↓
用合页拼接支脚和支柱
↓
用链条连接支柱和下撑木

木制画框的展开图

*单位：mm

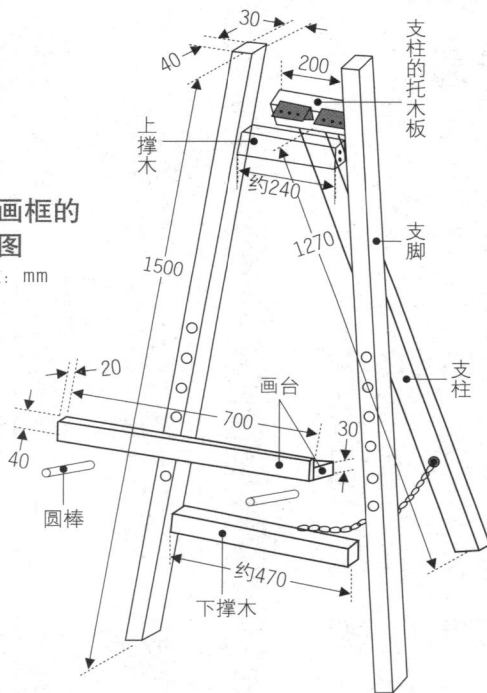

- 30
- 40
- 200 支柱的托木板
- 上撑木
- 约240
- 支脚
- 1500
- 1270
- 支柱
- 20
- 画台
- 700
- 40
- 30
- 圆棒
- 约470
- 下撑木

使用的材料

木条（30mm×40mm）、边角材料（20mm×40mm）、圆棒（直径15mm）、木塞（直径10mm）、合页、链条

取材表

*尺寸单位：mm

材料的种类	尺寸	数量	使用部分
木条（30mm×40mm）	1500	2	支脚
木条（30mm×40mm）	1270	1	支柱
木条（30mm×40mm）	700	1	画台
木条（30mm×40mm）	（470）	1	下撑木
木条（30mm×40mm）	（240）	1	上撑木
木条（30mm×40mm）	200	1	支柱的托木
边角材料（20mm×40mm）	700	1	画台

各组件加工完成，接着组装即可。支撑画台的圆棒插孔直径15mm、深25mm。

用链条连接支柱和下撑木。

用60mm合页连接支脚和支柱。图片为连接完成的背面，注意合页不要连接错误。

089

木制灯架

可用作画架或展示架

4根支脚组装而成的灯架。看似轻薄，其实使用质地厚重的热带木。4根细长支脚和搭接组装的加强木方，比外观结实许多。制作的关键是4根支脚的正确取材，以及上层搭接加强木方和支脚的拼接。支脚的上下中心开槽，将上层加强木方嵌入其中。但是，4根支脚的中心开槽如有偏差，则会产生松动。下层的加强木方单纯拼接即可。

制作步骤

取材
↓
支脚中央部分开槽加工
↓
上下加强木方的搭接加工
↓
将灯具放入上层加强木方
↓
开槽
↓
组装各组件，固定灯具

圆柱状的灯具直径为120mm，用手锯开槽直接插入。

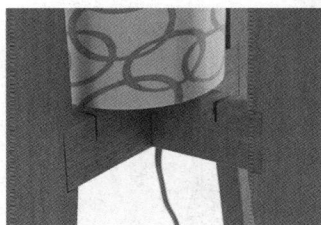

将加强木方嵌入支脚中，用螺钉固定。下层加强木方同支脚拼接。

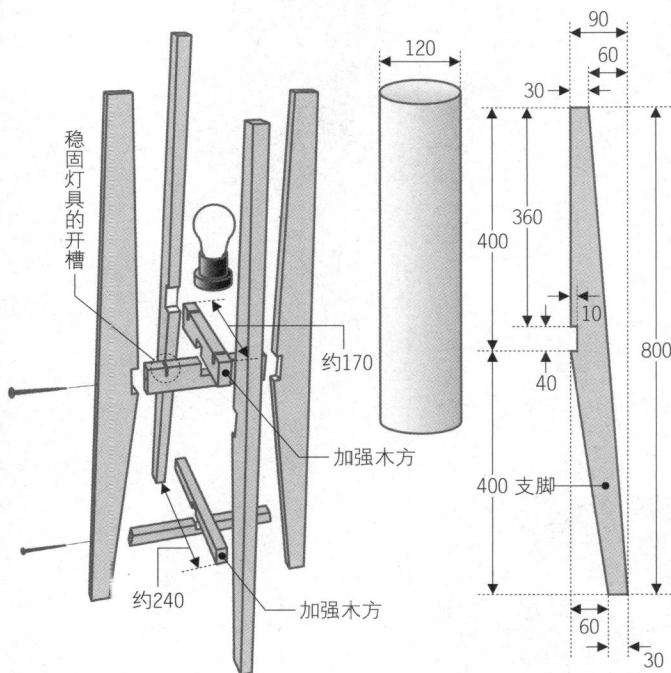

木制灯架的展开图
*单位：mm

稳固灯具的开槽

约170

约240

加强木方

120

90

60

30

400

360

10

40

800

400 支脚

60

30

加强木方

使用的材料

热带木、塑料布

取材表　　　　　　*尺寸单位：mm

材料的种类	尺寸	数量	使用部分
热带木（宽20mm）	90×800	4	支脚
热带木（宽20mm）	40×(170)	2	上层加强木方
热带木（宽20mm）	23×(240)	2	下层加强木方

长 6 英尺（约 1820mm）的 2×4 木方制作而成的吉他架，可容纳厚度至 100mm 的任何吉他。支架的头部支撑指板，基座则支撑吉他的底部和背部。两侧的基座拼接时，注意保持座面的整齐及角度统一。其他制作步骤都很简单。

090

适宜乐器的木制
吉他架

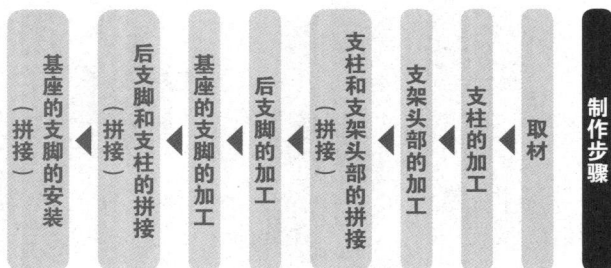

制作步骤

取材 → 支柱的加工 → 支柱和支架头部的加工 → 后支脚的加工 → 基座的支脚的加工 → 后支脚和支柱的拼接（拼接） → 基座的支脚的安装（拼接）

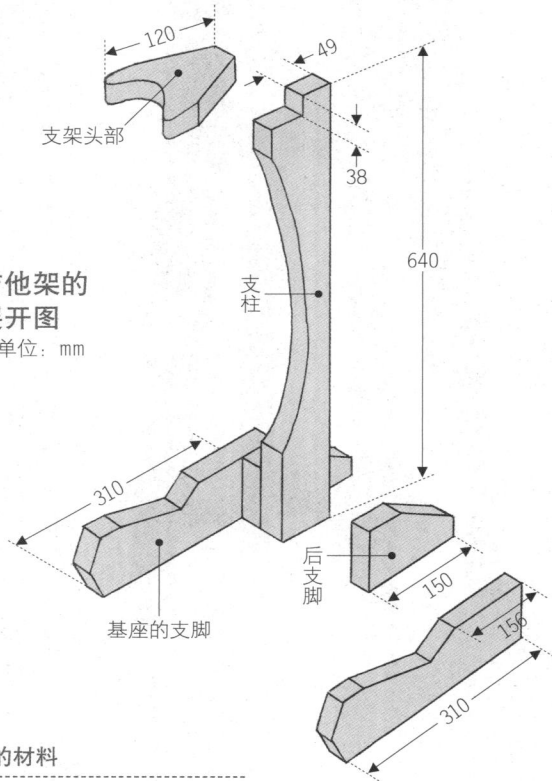

吉他架的展开图
*单位：mm

120

支架头部

49

38

640

支柱

310

后支脚

150

155

310

基座的支脚

支柱的前侧，距两端至少10cm位置开始切割成曲线，使用曲线锯制作。

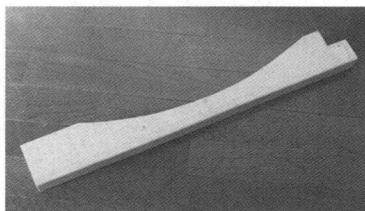

制作完成的吉他架。或者增加弧度，或者设计成其他形状也行。

使用的材料

2×4 木方

取材表　　　*尺寸单位：mm

材料的种类	尺寸	数量	使用部分
2×4 木方	640	1	支柱
2×4 木方	120	1	支架头部
2×4 木方	310	2	基座的支脚
2×4 木方	150	2	后支脚

重蚁木、柏木或热带木等边角材料制作的一款作品。图片中使用的是重蚁木的边角材料制作的创意笔架。用钻头开孔，不是直接将笔插入孔中，而是特意插入圆棒，笔则插入圆棒之间。画各边长 17mm 左右的网格的墨线。

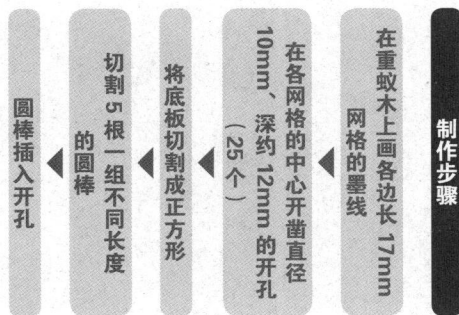

制作步骤

在重蚁木上画各边长 17mm 网格的墨线 ▶ 在各网格的中心开凿直径 10mm、深约 12mm 的开孔（25 个）▶ 将底板切割成正方形 ▶ 切割 5 根一组不同长度的圆棒 ▶ 圆棒插入开孔

难易度 ★★☆

091

硬木的边角材料制作的
概念笔架

使用的材料

重蚁木的边角材料、圆棒（直径10mm）

取材表　　　　　＊尺寸单位：mm

材料的种类	尺寸	数量	使用部分
重蚁木（20mm×105mm）105		1	底板
圆棒（直径10mm）			
60、70、80、90、100		各5个	

概念笔架
＊单位：mm

将圆棒插入开孔。圆棒可无规则插入。

画网格墨线，用木工钻头在各网格中心制作直径10mm开孔，深度约12mm，共制作25个。

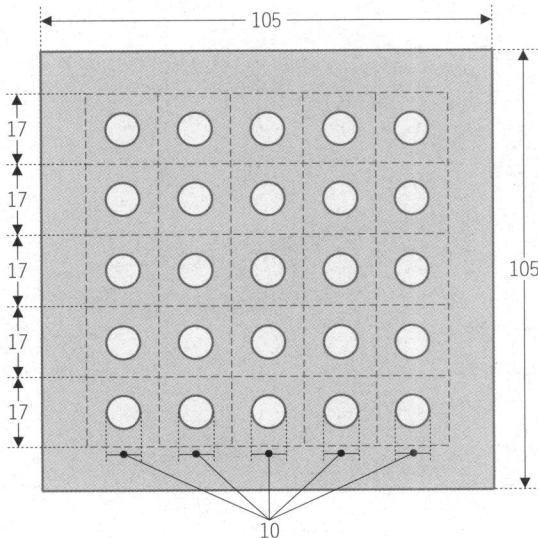

用合页连接2片板材，能够压扁铝罐的作品。图中作品使用了柏木，SPF材料或其他合适材料也行。加工成合适的形状，再用砂轮将表面打磨，准确连接合页即可，制作方法简单。

但是，柏木质地较硬，直接打钉容易开裂。所以，打钉固定合页时，应该先开下孔。

难易度　★☆☆

092

2根边角材料立刻制成的
压罐器

制作步骤

取材

拼接2片板材（合页拼接）

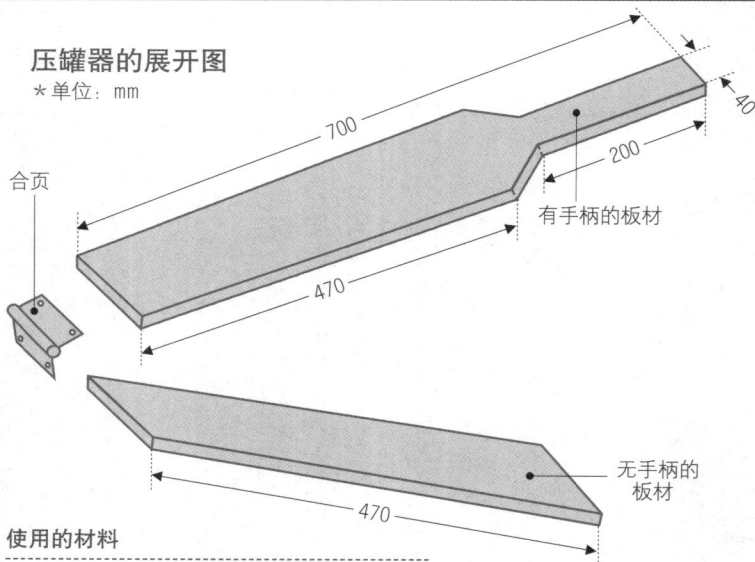

压罐器的展开图
＊单位：mm

合页

700

200

40

有手柄的板材

470

无手柄的板材

470

使用的材料

柏木（20mm×90mm）、合页

取材表
＊尺寸单位：mm

材料的种类	尺寸	数量	使用部分
柏木（20mm×90mm）	700	1	有手柄的板材
柏木（20mm×90mm）	470	1	无手柄的板材

连拼接页。开下孔后打钉，防止开裂。

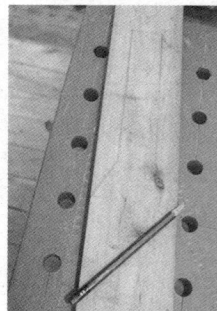

板材的一端画手柄的墨线。

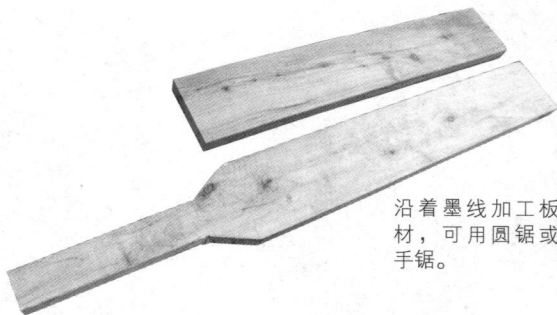

沿着墨线加工板材，可用圆锯或手锯。

木纹装饰的原生态
小花瓶

巧妙使用木纹的的作品。将 2× 木方切割成 38mm×40mm、长 120mm，用钻头开出直径 27mm、深 95mm 的开孔，插入玻璃瓶。最后，底部拼接阔叶木的边角材料，创意出现代混搭效果。

制作的关键是直径 27mm 开孔必须尺寸精确、笔直。如果有开孔器或钻头固定器会更方便。如果没有，可以使用夹具等固定，钻头上安装导杆，从正上方开孔。

制作步骤

取材

↓

红雪松木内侧制作玻璃瓶的开孔

↓

制作穿皮革绳的穿孔

↓

基座用木工胶水黏合

↓

插入玻璃瓶、穿入皮革绳

从上方看，对应玻璃瓶尺寸的开孔。随手可得的玻璃瓶，对应其外径开孔即可。

23

95

细长玻璃瓶

使用的材料

红雪松的边角料、阔叶树的边角料、细长玻璃瓶（直径23mm左右，带软木塞、长95mm）、皮革绳

取材表   *尺寸单位：mm

材料的种类	尺寸	数量	使用部分
红雪松（38mm×40mm）			
	120	1	本体
阔叶树（38mm×40mm）	35	1	本体的基座

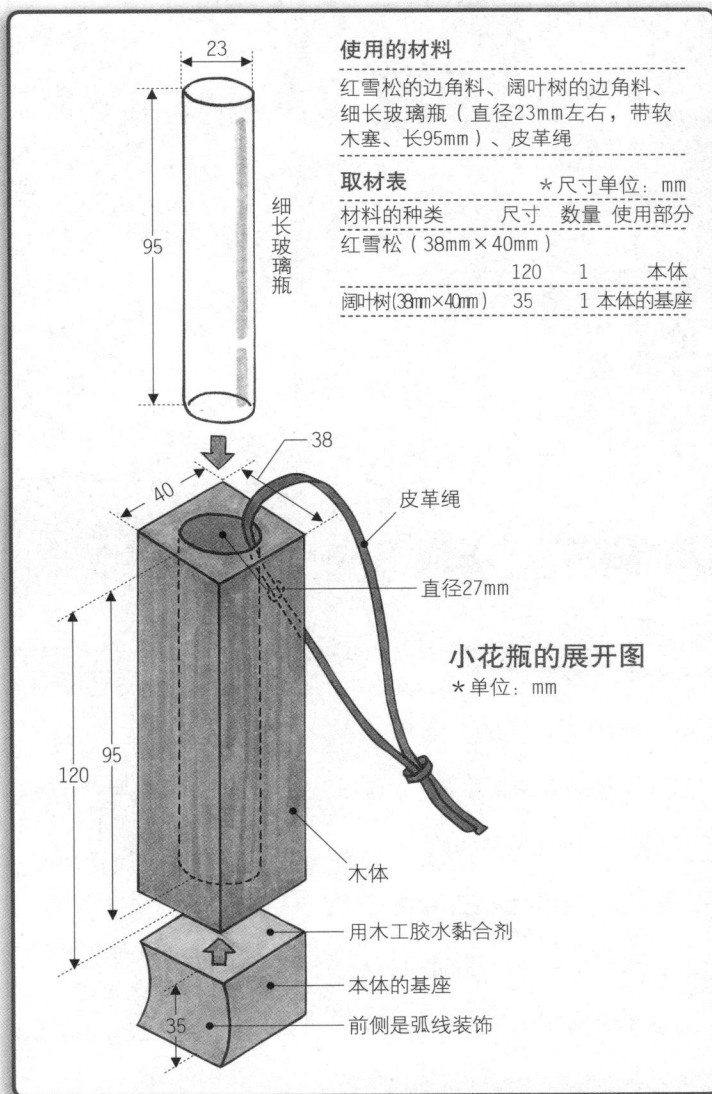

38

40

皮革绳

直径27mm

95

小花瓶的展开图
*单位：mm

120

木体

用木工胶水黏合剂

本体的基座

35

前侧是弧线装饰

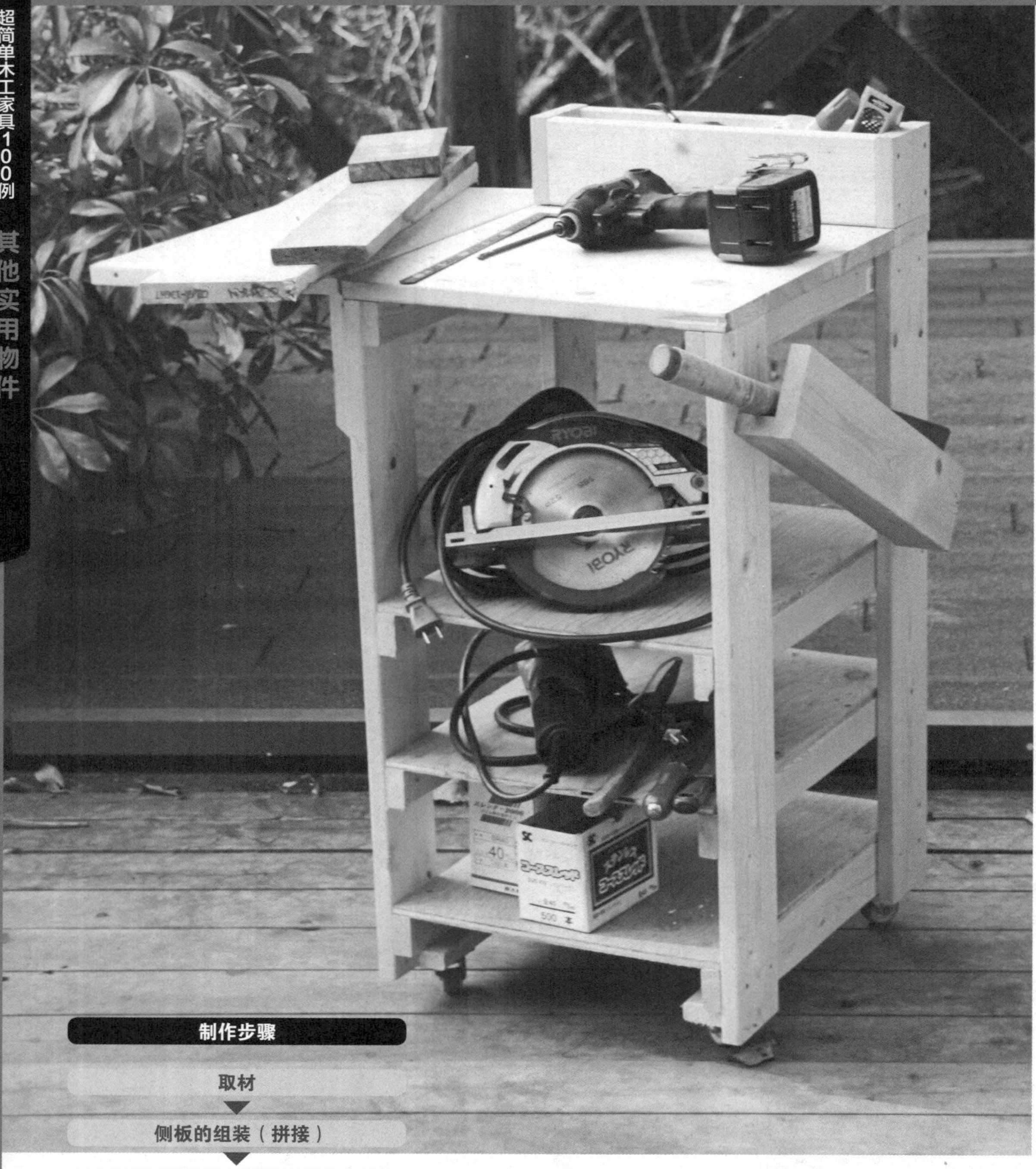

难易度 ★★☆

SIMPLE WOOD WORKS BEST SELECTION

094 塔形工具推车

制作步骤

- 取材
- 侧板的组装（拼接）
- 侧板和架板的拼接（拼接）
- 顶板的安装（拼接）
- 滑轮的安装（拼接）
- 侧桌托木的安装（合页拼接）
- 侧桌的组装（合页拼接）
- 手锯斜架的安装（拼接）
- 小收纳盒的安装（拼接）

能够整齐收纳电动工具，还能收纳2个普通塑料整理箱容量的塔形工具推车。安装滑轮，满足随意移动的细节设计。

使用1×4木方组装而成的左右侧边，再拼接顶板和架板，从而构成本体。侧面设置了方便手锯存放的斜架，另一侧是折叠式的侧桌。其次，顶面的一边还专门设置了存放锤子、尺子等小工具的小收纳盒。可满足市场上销售的长440mm、宽300mm、高150的塑料收纳箱2箱的收纳空间。

取材的关键是，顶板、架板的撑木、侧桌的边材。顶板和架板的撑木使用1×4木方纵向对半切割，侧桌的边材使用1×4木方按1/4比例切割。此外，顶板同本体及侧桌一样，都是简单用黏合剂进行面和面的拼接。

制作◎白井纪

使用的材料

1×6木方、1×4木方、合成板（厚9mm）、滑轮、合页、钢琴合页

取材表

*尺寸单位：mm

材料的种类	尺寸	数量	使用部分
1×6木方	70	1	侧桌托木
1×6木方	390	2	顶板Ⓐ
1×6木方	415	2	侧桌顶板
1×6木方	对照实物	3	手锯斜架
※参照右下图片			
1×4木方	90	2	小收纳盒
1×4木方	354	2	小收纳盒
1×4木方	390	2	顶板Ⓑ
1×4木方	700	4	支脚
1×4木方（切割成44mm）			
	458	8	横撑木
1×4木方（切割成44mm）			
	425	2	滑轮座
1×4木方（切割成44mm）			
	280	2	侧桌的边材
合成板(厚9mm)	455×350	3	架板

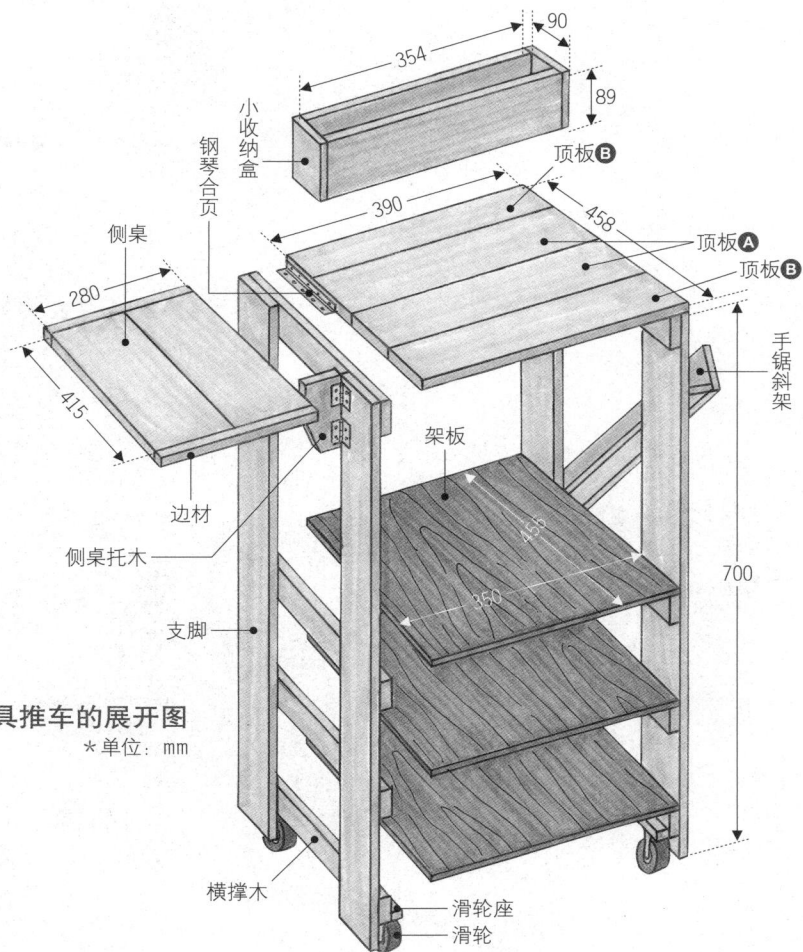

塔形工具推车的展开图

*单位：mm

小收纳盒
钢琴合页
侧桌
顶板Ⓑ
顶板Ⓐ
手锯斜架
架板
边材
侧桌托木
支脚
横撑木
滑轮座
滑轮

354 / 90 / 89 / 280 / 415 / 390 / 458 / 455 / 350 / 700

塔形推车的本体组装完成的状态。

塔形推车的底部，滑轮已安装的状态。

侧桌收起状态。手锯斜架从背面用钉固定。

1×4木方对半切割的支脚和1×4木方横撑木制作的侧板。

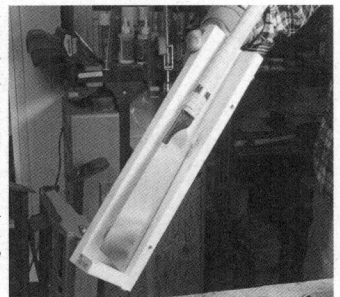

手锯斜架的结构如图片所示。

2× 木方和 1× 木方制作的

三角屋顶的狗舍

适合中型犬的三角屋顶狗舍。

三角屋顶的骨架不用切割角度就能制作完成。木条拼接于直角三角形的加强板，屋顶的两块板直接搭接，一块盖住另一块的端部。

本体部分，底板框架板侧的支柱立起之后，两端铺上 1×6 木方。为了确保透气性，底板按板条状铺设。其次，前板和后板的上端铺设塑料蜂窝板，方便采光，给狗狗提供更舒适的环境。

进出口（前板）使用厚度 12mm 合成板制作。画墨线之后，用曲线锯切割曲线。

本作品的骨架所使用的材料是用圆锯纵向对半切割 2×4 木方得来。如果希望节省制作步骤，可选择合适的材料 (2×2 木方)。

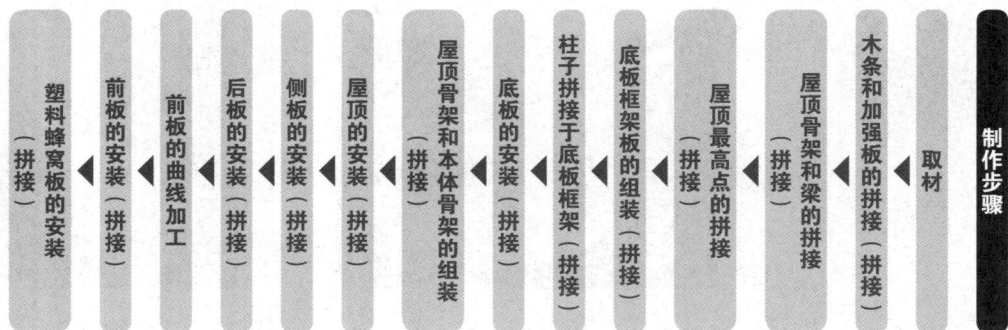

| 塑料蜂窝板的安装（拼接） | ◀ | 前板的安装（拼接） | ◀ | 前板的曲线加工 | ◀ | 后板的安装（拼接） | ◀ | 侧板的安装（拼接） | ◀ | 屋顶的安装（拼接） | ◀ | 屋顶骨架和本体骨架的组装（拼接） | ◀ | 底板的安装（拼接） | ◀ | 柱子拼接于底板框架（拼接） | ◀ | 底板框架板的组装（拼接） | ◀ | 屋顶最高点的拼接（拼接） | ◀ | 屋顶骨架和梁的拼接（拼接） | ◀ | 木条和加强板的拼接（拼接） | ◀ | 取材 | 制作步骤 |

制作◎白井糺

使用的材料

1×4木方、1×6木方、2×4木方、
合成板（厚12mm）、塑料蜂窝板

取材表
★尺寸单位：mm

材料的种类	尺寸	数量	使用部分
1×4木方	581	2	底板
1×4木方	600	4	侧板Ⓐ
1×4木方	700	2	屋顶Ⓒ
1×6木方	488	2	后板
1×6木方	581	2	底板
1×6木方	600	2	侧板Ⓑ
1×6木方	700	6	屋顶Ⓓ
2×4木方（切割成44mm）	300	4	支柱（骨架）
2×4木方（切割成44mm）	400	2	底板框架（骨架）
2×4木方（切割成44mm）	600	4	底板框架、撑木（骨架）
2×4木方（切割成44mm）	470	6	木条
厚度12mm合成板	526×338	1	前板（出入口）
厚度12mm合成板	适量	3	加强板

※塑料蜂窝板除外

制作底板框架板，支柱立起的状态。

通过直角三角形的加强板，组装支撑屋顶的木条。如图片所示，木条和相同材料搭接就能轻松确定位置。组装材料搭接就能轻松确定位置。

将梁和屋顶最高点安装于屋顶骨架。

屋顶骨架和本体骨架组装完成状态。底板的正中间为2片为1×4木方，两侧为1×6木方。

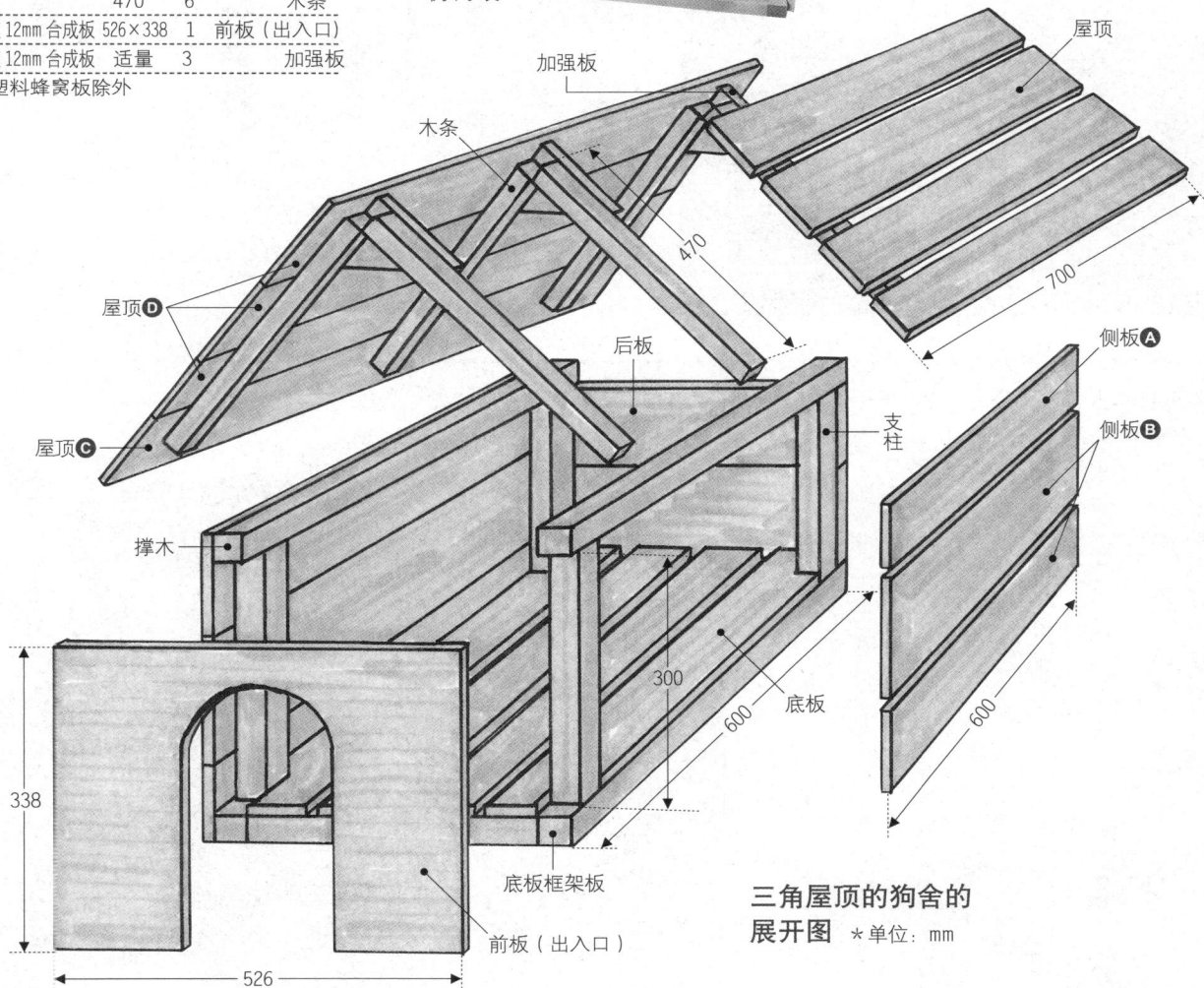
三角屋顶的狗舍的展开图 ★单位：mm

（图中标注：加强板、木条、470、屋顶、700、屋顶Ⓓ、后板、侧板Ⓐ、侧板Ⓑ、屋顶Ⓒ、支柱、撑木、300、底板、600、600、底板框架板、338、前板（出入口）、526）

难易度 ★☆☆

SIMPLE WOOD WORKS * BEST SELECTION

096

锯齿设计的点缀

创意邮箱

1×4木方制作的创意设计邮箱。正面是长度不一的材料纵向排列，拼接处的钉头外露，兼具装饰效果。邮件从侧面取出，用合页拼接于箱体框架一侧的横板，加上方便开关的小拉手。

箱体的宽度略比排列组合的前板小，箱体背板1片的宽度比1×4木方窄，需要加工成（19mm×70mm）。

制作步骤

取材 → 框架板的组装（拼接、合页）→ 背板的安装（拼接）→ 前板的安装（拼接）→ 投递口的切割加工 → 上下撑木的安装（拼接）

使用的材料

1×4木方、16mm×40mm边角料、木制把手、合页

取材表　　　*尺寸单位：mm

材料的种类	尺寸	数量	使用部分
1×4木方	318	4	箱体框架
1×4木方	337	3	背板Ⓐ
1×4木方	490	1	前板
1×4木方	500	2	前板
1×4木方	530	1	前板
1×4木方（切割成70mm）			
	337	1	背板Ⓑ
16×40mm边角料	356	2	撑木

撑木安装于前板时，如图所示，下侧垫上木板操作。

创意邮箱的展开图
*单位：mm

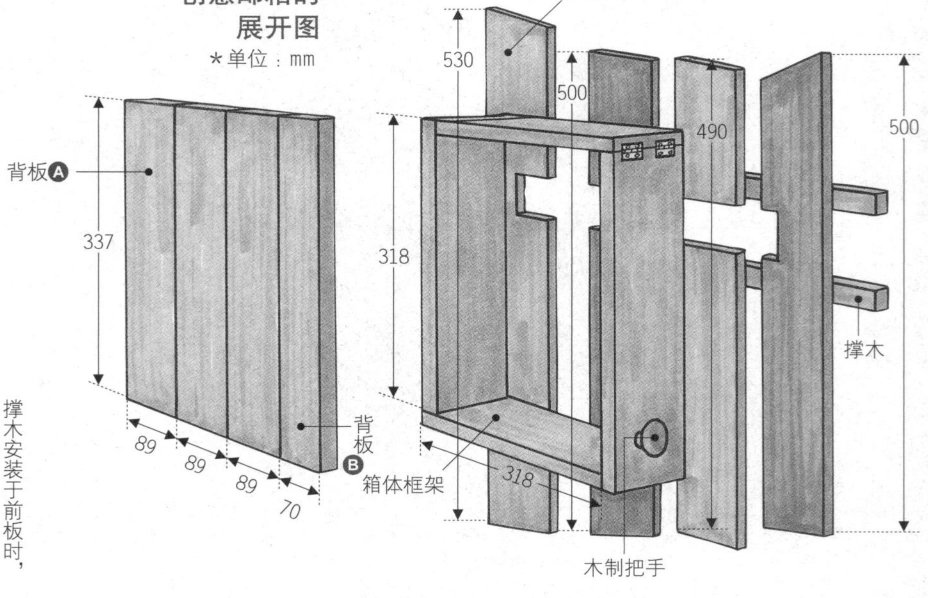

背板Ⓐ
前板
530
500
337
490
500
318
撑木
89 89 89 70
背板Ⓑ
箱体框架
318
木制把手

2× 木方和 2× 木方专用的合页制作而成的木制折叠人字梯。弟子这种工具需要有一定强度。在合成板上画出实物等大的侧视图，布置构成支脚部分的 2×6 木方和 2×4 木方，画出踏板安装位置及切割角度的线条。先组装 2×6 木方侧的支脚，再组装 2×4 木方的支脚。为了 2×4 木方的支脚能够折叠，侧板内侧上端切割曲线，并开螺栓穿口。最后，用直角合页拼接顶板和两个支脚。

制作步骤

取材 → 2×4 木方侧板的踏板拼接 → 用不锈钢直角支架拼接 2×6 木方的侧板和踏板 → 用不锈钢直角支架拼接 2×4 木方侧板和踏板 → 用直角合页拼接顶板和两个支脚

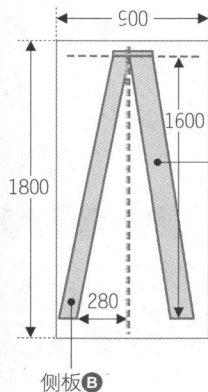

097

人字梯

木制的复古风格

纸型的缩略图

500

1800

1600

280

侧板Ⓑ

人字梯的结构图

*尺寸单位：mm

476

顶板

直角合页

挂钩固定

踏板

侧板Ⓐ

挂钩 300mm

不锈钢直角支架

踏板

两侧加强支架

侧板Ⓑ

1630

400

80°

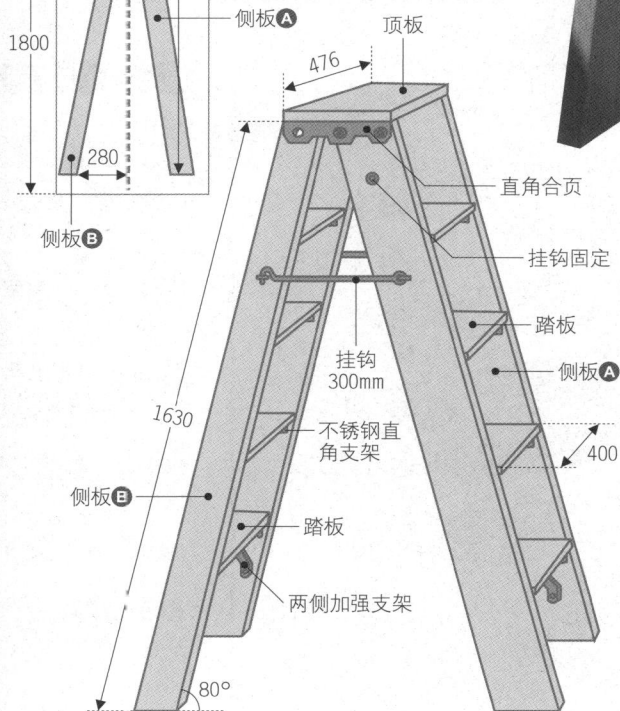

最下层的踏板安装加强支架，增加整体强度。

2×4 木方的支脚侧，用螺栓和螺母紧固至可满足折叠的程度。

使用的材料

2×10 木方、2×6 木方、2×4 木方、拼接五金件

取材表　　　*尺寸单位：mm

材料的种类	尺寸	数量	使用部分
2×10 木方	476	1	顶板
2×6 木方	400	4	踏板
2×6 木方	1630	2	侧板Ⓐ
2×4 木方	400	4	踏板
2×4 木方	1630	2	侧板Ⓑ

注释：2×4 木方专用的拼接五金件可从大型建材中心购得。

钓鱼爱好者们一定要尝试这款作品。松木加工材料制作框架，再固定上渔网。将腌渍过的鱼干夹入其中，进行晾晒。也可以不使用烧烤网，这时就要减少渔网之间的间隔，确保鱼干固定结实。

框架板45°切割拼接，这种拼接方法比较难，也可使用简单的拼接方法。

将钓到的鱼摊开晾晒 晾晒网

安装活动支架，方便开合。

渔网紧密张开，四周用铆钉机固定。

内侧的框架板收束于外侧。框架板的内侧。

晾晒网的展开图
*单位：mm

外框架板
内框架板
渔网
烧烤网
内框架板
内框架板
主框
合页

860
15
560
500
15
470
800
800
15
560
860
30

使用的材料

松木加工材料、渔网、烧烤网（500mm×800mm）、合页、活动支架（S-152）

取材表   *尺寸单位 mm

材料的种类 尺寸 数量		使用部分
松木加工材料（30mm×15mm）		
	560　2	外框架板（插图最上层）
松木加工材料（30mm×15mm）		
	860　2	外框架板（插图最上层）
松木加工材料（15mm×15mm）		
	470　4	内框架板
松木加工材料（15mm×15mm）		
	800　4	外框架板
松木加工材料（30mm×30mm）		
	560　2	外框架板（插图最下层）
松木加工材料（30mm×30mm）		
	860　2	外框架板（插图最下层）

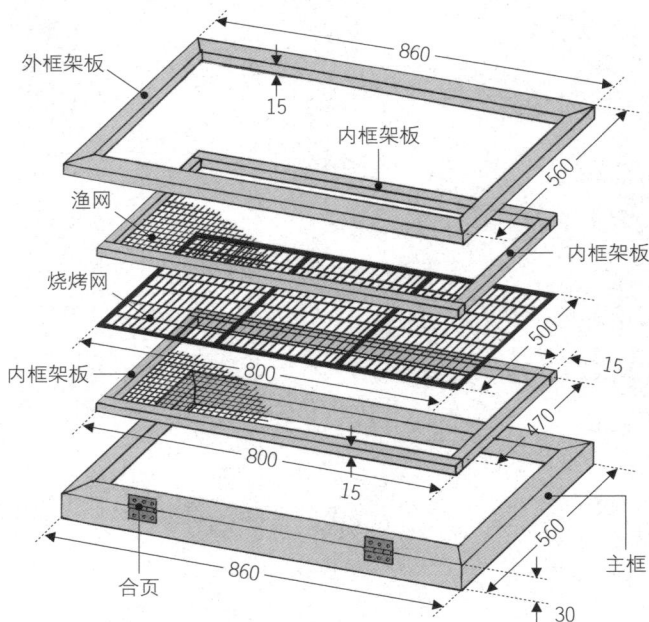

制作步骤

取材
↓
外框架板的组装（拼接）
↓
内框架板的组装（拼接）
↓
渔网安装于内框架板（用铆钉机固定）
↓
内框架板嵌入外框架板（拼接）
↓
烧烤网的嵌入
↓
用合页拼接2件框架板

整理菜园的木耙。市场售卖的大多是金属耙，价格较高。只要选择合适的木材，自己就能制作成简单的木耙。

本件作品中，整地板的宽度为60cm，使用1×4木方和边角材料制作。不过，使用90cm宽度或任意适合材料都行。考虑到翻地的效果，整地板的高度设定为8cm左右比较合适。

099 家庭菜园的方便工具
木耙

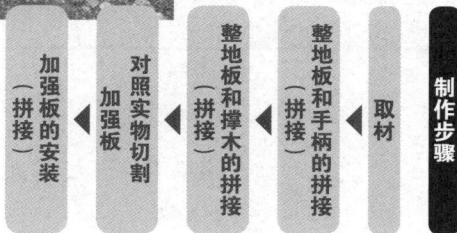

制作步骤 → 取材 → 整地板和手柄的拼接（拼接）→ 整地板和撑木的拼接（拼接）→ 对照实物切割 加强板 → 加强板的安装（拼接）

加强板安装前的状态。对齐整地板和手柄，钉子固定撑木。

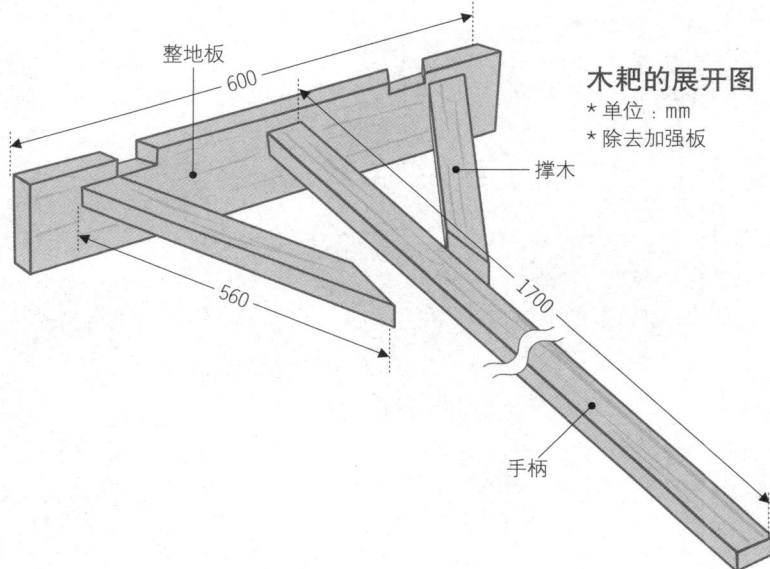

木耙的展开图
* 单位：mm
* 除去加强板

整地板 600
撑木
560
1700
手柄

使用的材料
1×4木方、30×40cm边角材料、合成板（12mm厚）

取材表　　　　　　　　*尺寸单位：mm

材料的种类	尺寸	数量	使用部分
1×4木方	600	1	整地板
30×40mm边角材料	560	2	撑木
30×40mm边角材料	1700	1	手柄
合成板（12mm厚）	对照实物	2	加强板

制作◎ TOP 编辑部

难易度
★★☆

SIMPLE WOOD WORKS★BEST SELECTION★

100

方便实用的
简单工作长椅

2根组装成三角形的支架构成的工作台。顶板可以进行简单作业，下层的架板可以存放工具，携带方便。制作的关键在于支脚部分的倾斜切割。相对于顶板，木口倾斜20°。用手锯切割较难，用圆锯按锯齿状倾斜切割会很轻松。

倾斜切割稍稍预留多些木材的量切割更方便，所以可准备多些木料。将支脚固定于顶板时，打钉同样倾斜打入。

简单工作长椅的展开图
*单位：mm

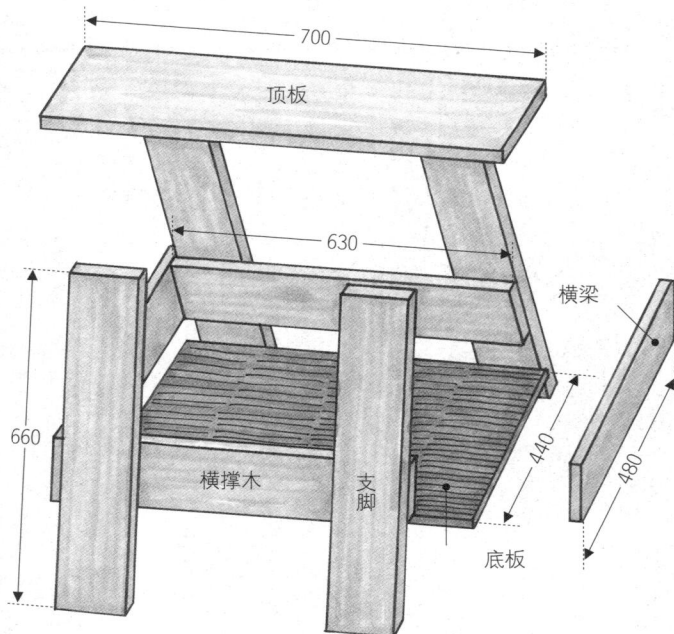

700
顶板
630
横撑木
支脚
底板
横梁
660
440
480

底板从背面打钉固定。

使用的材料

1×6木方、1×4木方、合成板（9mm厚）

取材表　　　　　*尺寸单位：mm

材料的种类	尺寸	数量	使用部分
1×6木方	700	1	顶板
1×4木方	480	2	横撑木
1×4木方	630	2	横梁
1×4木方	660	4	支脚
合成板(9mm厚)	440×630	1	底板

制作步骤

取材

↓

支脚和横撑木的拼接
（拼接）

↓

横梁的安装
（拼接）

↓

顶板的安装
（拼接）

↓

底板的安装
（拼接）

附 录

简单木工的
基础知识&
技巧

为了尽情享受木工的乐趣，介绍一些大家能够掌握的基础
知识和技巧。
从木材、工具的特性及使用方法，到涂装等，深刻体会木
工的魅力。
只要掌握以下内容，就能提升作品的品质和制作技巧。

● 木材知识
● 木工工具的收集方法
● 木工的基本技巧
● 木工作品的涂装

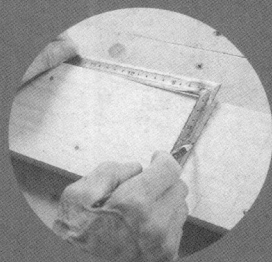

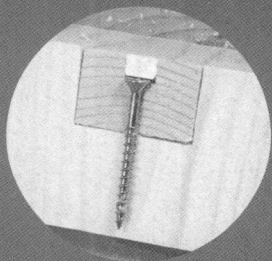

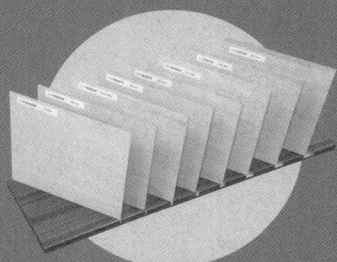

木材知识

方便使用的

初学者体验木工制作乐趣时，不用选择高价的阔叶树木材，可以从附近的建材市场采购物廉价美的针叶树木材、合成板、层压板，价格便宜，又能满足各种制作要求。特别是以针叶树为原材料的2×木方，木制柔软、容易切割，对工具造成的磨耗小。

2×木方

简单木工的主要材料

"2×木方"是使用2×4工法的结构材料，标准化木材的总称。木工制作时，厚度38mm的2×木方和厚度19mm的1×木方经常使用。由原产自北美的针叶树制作而成，又称作SPF的白色木纹材料，也有称作红杉木的红褐色木纹材料。而且，1×木方中，也有同SPF材料一样，一种欧洲云杉制作的材料，称作白木。2×木方已经过刨削，取材后可立刻组装使用，是木工制作的方便材料。

SPF采用云杉、松木、冷杉树皮混合制作的材料，质地柔软，方便加工。红杉木的耐腐蚀性强，不经涂装也可放置于室外，可耐用10年左右。同样的条件下，将SPF材料放置于室外，不到1年就会腐烂。

2×木方的尺寸表

木工常用的2×木方的断面尺寸

公称尺寸	实际尺寸
2×4	38mm×89mm
2×6	38mm×140mm
1×4	19mm×89mm
1×6	19mm×140mm
1×8	19mm×184mm
1×10	19mm×235mm

2×木方的长度换算表

4英尺	1219mm
6英尺	1830mm
8英尺	2440mm
10英尺	3048mm
12英尺	3650mm

2×木方的尺寸是按标准化的英尺、英寸加工。以2×4木方为例说明，木口尺寸为2英寸（50.8mm）×4英寸（101.6mm）。但是，建材店内售卖的2×4木方经过干燥或刨削，其实际尺寸为38mm×89mm，按英寸就是1.5英寸×3.5英寸。该实际尺寸没有规则性，木工师傅们会默记换算，习惯了就自然记住。

价格方面，SPF材料具有明显优势。与此对比的红杉木，在北美也被认为是高档材料，而且流通量少，价格是SPF材料的3倍以上。

主要材料为1×4木方的乡村家具。

以白木为名销售的欧洲云杉。同SPF的2×木方的规格及特性均相同的材料。

SPF材料为白色，具有易于加工的特点。

建材中心按标准尺寸销售的2×木方。

●柳桉木合成板

以柳桉木等热带木材为原料的粗木纹合成板。通常称之为"胶合板"的就是这种合成板。也称之为"普通合成板"。

●椴木合成板

椴木合成板类似于贴面板，表面贴着平滑的椴木材料。涂装效果牢固，使用最方便的木工材料。

●结构合成板

用于住宅建筑的结构材料。板的任意位置会标注强度及甲醛含量等。

●针叶树合成板

因为柳桉木等热带木材生产量的减少，从而以西伯利亚产针叶树为原料制作的合成板。具有独特木纹的合成板，同样适合结构用。

●厚心板

内侧夹入轻质的马六甲板材等层压材料的合成板。尺寸较厚，方便制作家具。

●覆膜板

覆膜板是用于混凝土的框架板，尺寸为1800mm×900mm、厚度12mm，仅有一种。表面大多涂有剥离混凝土的涂料。

柳桉木合成板的表面有磨砂感。

木纹特征明显的针叶树合成板，个性化的装饰材料。

内侧以马六甲板材等南洋木材为心，表面铺上薄板的厚心板。

价格便宜、应用面广的 合成板

合成板又称作胶合板，是一种合成木材。而且，任何建材中心都能购买到这种木材。

用专用的剥皮机加工的奇数数量的板材的木纹互相呈直角胶合、层压制作而成的合成板。基本大小为1820mm×910mm，厚度3~30mm，已形成标准化。

根据不同的设计，合成板也能成为现代家居的时尚装饰材料。

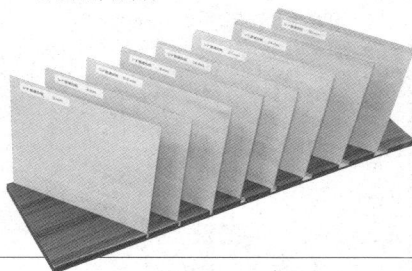
椴木合成板的厚度样板。从前至后分别是4mm、5.5mm、9mm、12mm、21mm、24mm及24mm的规格。

日本伐木期生产的 杉木

杉木是日本生长最多的树木，作为木材也有广泛的流通性。其材质加工方便、价格便宜，适合初学者使用。在建材中心，这种材料常以旧式建筑屋顶的垫板（屋顶的下底板）、槛条板（墙壁的下底板）等进行售卖。材料的厚度从9~24mm，宽度从180~240mm，长度600~4000mm，一种加工而成的层压材料。

杉木板的价格便宜，加工方便。

最适合面板、座板、侧板的 层压材料

宽15~30mm的方材，用黏合剂横向拼接、层压制作而成的大面积材料。同合成板一样，基本大小为1820mm×910mm，厚度12~30mm，能制作成多种厚度。

层压制作而成，自然质感的整块板材，不易因为季节变化而产生膨胀、收缩等变形，使用方便的稳定材料。特别用于桌子的面板等，不易开裂、不易变形，让使用者放心。

层压材料中，横向拼接整齐的材料也是一种高级木材。

指形拼接的边角材料，横向贴合使用的层压材料。

适合大面积使用的层压材料。

133

方便使用的 木工工具的收集方法

是否能够体验简单木工的乐趣，各种工具的准备也至关重要。
在此，向大家介绍各种木工初学者们需要准备的工具。

测量、标记、画线的工具
铅笔、卷尺、直角尺、方形水平角尺

　　制作各种木工作品时，对照个人经验及图中的尺寸，在材料中标注、画线，这个过程就是自古以来的画墨线工法。在铅笔出现之前，这个制作过程使用毛笔和油墨完成，流传至今的只是基本的方法。原则上，画墨线最好使用铅笔。如果画错了，还能将画完的线或标记及时用橡皮擦净。

　　长度测量的常用工具是卷尺，是一种印刷着长度、抽出使用的测量工具。其长度及宽度的种类较多，木工适宜选择长度 2~3.5m 的种类。

　　为了画墨线，木工制作时会使用一种测量长度及宽度的 L 形直角尺。

　　长边 500mm、短边 250 的直角尺通常为专业木匠师傅使用，手工爱好者则使用比其小的 300mm × 150mm 规格。

　　方形水平角尺是测量直角（还有带测量 45° 的尺子）的专用量具。为了更轻松完成直角的精确测量，这种量具的尺寸比直角尺更小，且制作的更坚固耐用。而且，不仅能够用于测量，还能用于画线等。

铅笔
笔芯最好为 HB，而且画墨线前需要刨削。

方形水平角尺
结构牢固的方形水平角尺。是从直角尺衍生的测量工具。

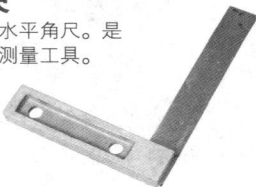

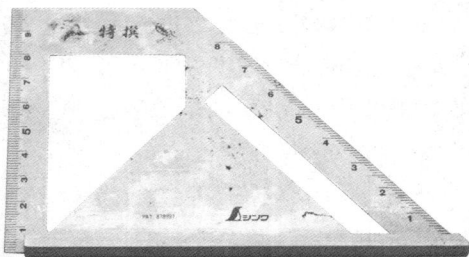

卷尺
最好选择不锈钢材质，纸制或布制的卷尺不方便木工制作。

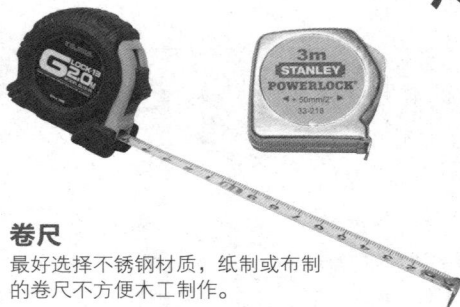

固定式方形水平角尺
图片左侧为直角尺，右侧为 40 度尺。

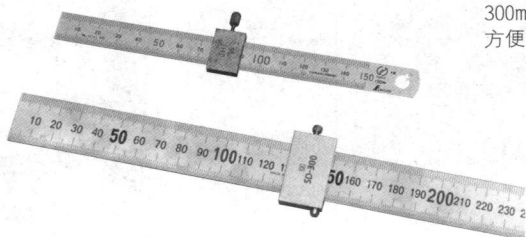

直角尺
图中为手工爱好者适用的长边为 300mm、短边为 150mm 的直角尺。方便制作小型或中型的作品。

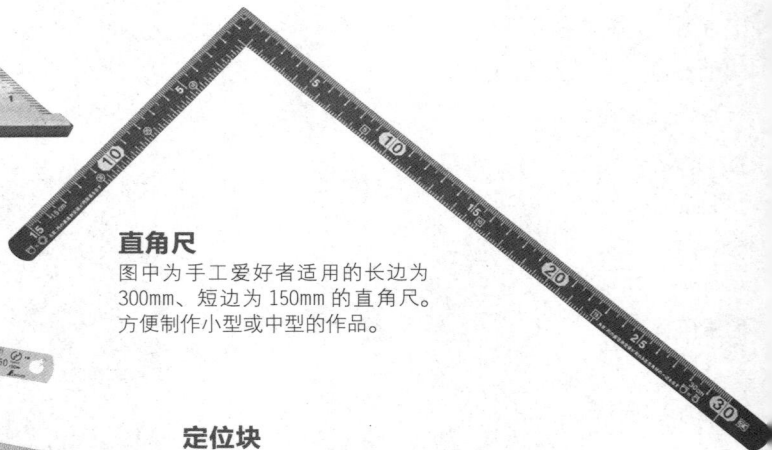

定位块
固定于直尺的定位块，移动至一定尺寸后固定，方便画线定点。

材料画线完成之后，需要沿着墨线切割材料。这个切割步骤称之为"取材"。

刀刃有 2 种，手锯平行于木纹的纵切刀刃和垂直于木纹的横切刀刃。但是，现在所用的材料大多经过刨削加工，取材时只要切割成所需长度就能直接使用。所以，只要有横切刀刃就行。此外，还有用于暗钉的木塞切割工序，这时最好使用专用的小型手锯。

曲线锯是一种电动切割曲线的工具，刀刃的移动比较缓慢，所以是一种适合初学者使用的工具。但是，刀刃较细，手工追踪墨线进行直线切割等，对于初学者较难。所以，如果需要准确切割直线时，就搭配使用直线锯。

圆锯是木工切割工具中的主要电动工具。依靠内部锯片的快速旋转切割木材的机构，可切割厚度超过 50mm 的材料。圆锯只要能正确使用，制作过程更快捷，切割面更整齐。但是，露出的锯片高速旋转，一旦开关打开，视线绝对不能离开高速旋转的圆锯。

手锯
带横切刀刃的标准手锯，刀刃长度 25mm 左右的使用方便。图中手锯的刀刃可更换。

切割木塞的手锯
用于切割木塞（圆棒）的小型手锯，刀刃长 145mm。

圆锯
刀刃直径 165mm、刀刃数量 52 片，是最基本的圆锯。如果尺寸更大，操作会更困难。

曲线锯
锯片在本体的下侧，远离手柄位置，刀刃转动不容易造成受伤等，比圆锯更适合初学者安全使用。

切割工具 手锯、曲线锯、圆锯

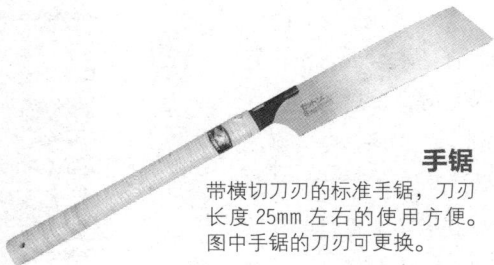

钉钉子的工具"锤子"。图中的样品平衡性好，使用方便。锤子的重量有很多种，木工一般使用 225~300g 左右的类型。

手电钻或冲击钻前端的钻头可以更换，有改锥、钻头、锥子等类型。可以打入比相同尺寸大 5 倍结合力的钉子，是现代木工不可或缺的工具。

手电钻可以微调螺钉的拧紧力，可以是螺钉固定效果更加统一，冲击钻沿转动方向打击（冲击），可以打入长螺钉。

固定材料的紧固工具称为夹具。根据紧固材料的种类，可用不同开口的夹具应对，种类多样。夹具向材料均匀施力，购买时 2 台一组。

锤子
图片中是传统的锤子。平衡性好，谁都可以使用。重量 225~300g，不要选择太重的类型。

手电钻
图片中手电钻的下方可安装电池，标准化的手电钻。钻头固定位置周围的转盘可调整紧固强度。

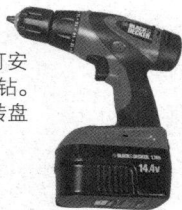

冲击钻
图中为充电式电钻。还有可接电源或安装电池的种类，还有无线充电电池的类型为主流。

固定带
可以固定箱体或框体的夹具。

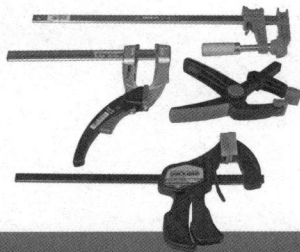

各种夹具
预组装及预固定各组件的夹具，因开口宽度及紧固方式的不同，其类型也多样。

组装工具 锤子、手电钻、冲击钻、夹具

135

木工的基本技巧

方便使用的

介绍各种体验简单木工乐趣的木工基本技巧。画线的方法、材料的切割方法、组装方法等依次进行说明。简单木工所必备的技巧全部囊括在内。

画墨线（在材料中画线、标记）

画墨线

从木工到木制建筑，为了标注木材的切割位置及尺寸等，所进行的画线及标记的工序就是"画墨线"。古代，画墨线是只允许在梁木上进行操作的工序。木工制作时，画墨线是左右后续工序效果的关键。

为了使画错的墨线能够修改，原则上最好使用铅笔。而且，铅笔的硬度为 HB。而且，画出的线越细，制作精度也就越高。所以，如果对制作精度要求较高，铅笔使用前需要充分刨削。如果需要画的墨线较多，可多准备几支铅笔备用。

画墨线时，注意将铅笔的前端紧密贴近直尺的端部。如果铅笔的前端偏离直尺的端部，则无法画出准确的线。所以，画线时要细心、耐心，缓慢画出准确的墨线。

固定直尺，用手压紧。直角尺利用一边固定，能有效压紧。画墨线时，视角尽量从正上方看。

画墨线的基础

画纵向墨线
压紧直尺，从直尺的右侧画线。

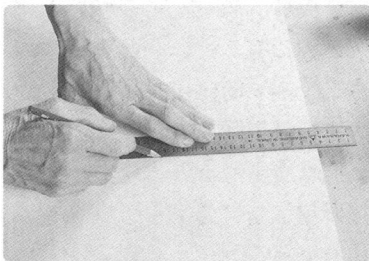

画横线墨线
压紧直尺，从直尺的上端画线。

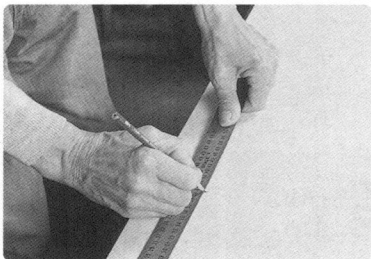

卷尺的端部顶住及挂住

用卷尺端部可前后伸缩移动，部分顶住或挂住测量物的边角，如图所示。这样测量的数据可避免卷尺端部厚度造成的误差。

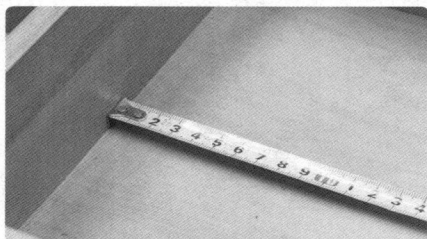

用卷尺的尺寸点画墨线

卷尺呈带状，并不能像直尺一样固定，也不能用于画线。但是，是一种可以测量尺寸、画位置点的方便工具。画墨线时，经常会用卷尺先标注记号，再用直尺画线。

用直角尺画墨线

长边紧密贴近材料的端部,稍稍按住保持稳定,材料上方的短边同材料的端部自然呈直角,并从短边的外侧画线。

如果材料较厚,或者多片材料一起画墨线,如图片中所示,可从短边的内侧画墨线。这种条件下,如果在短边的外侧画墨线,短边位置上移,从而造成测量误差。

直角尺画 45° 墨线

用长边和短边按相同长度放置于材料上方。

▼

直角尺的长边同材料的端部呈 45°。

用直角尺标注等分

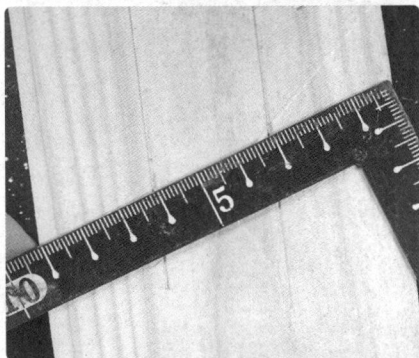

未按比例宽度切割的板材,也可以将直角尺倾斜放置于材料的上方,按切割的数值固定直角尺,进行简单的等分。图片中为宽 86mm 的板材进行 3 等分,直角尺按 90mm 对比。在 30mm、60mm 的位置画墨线,并在前后位置再标注等位墨线,再将 2 组墨线分别连结,就画出了准确的等分线。

方形水平角尺画墨线

方形水平角尺同直角尺使用方法一样,也可以画墨线。如图片中所示,将较厚的一边对齐材料的端部,薄的一边自然同材料呈直角,并沿着薄边的外侧画墨线。

固定式方形水平角尺画 45° 墨线

使用固定式方形水平角尺,轻松画出 45° 墨线。

用身边物品画曲线

作品的边角部分等曲线位置画墨线时,可以使用与曲线相对应的日用品画墨线。图片中使用烟灰缸的底部画曲线。此外,还可以用杯子、盖子、硬币等,正确画出所需的曲线。

直角尺画曲线

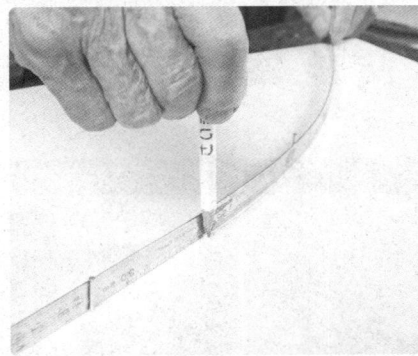

利用直角尺的柔韧性,沿着非常缓和的曲线画墨线。辅助作业的人将直角尺弯曲一定弧度会使整个画线过程更简单。但是,用小钉子固定住直角尺的弯曲指点,一个人也能轻松画墨线。

自制圆规画圆

桌子或椅子等普通圆规无法画墨线的情况下,可以将竹子或合成板切割成直尺形状并开孔,如图片所示一侧用钉子固定,一侧插入铅笔,可以轻松画出大的圆形墨线。

切割（用手锯、曲线锯、圆锯等切割）

手锯切割

使用手锯（手动切割的传统工具），是直线切割的木工基础。

关键是沿着切割面从上至下笔直切割，初学者通常无法将手锯的刀刃同材料保持垂直角度，所以容易造成切割面偏移等。为了防止这样的问题发生，可以使用图中所示的手锯导架等，类似能够使手锯刀刃保持直线切割的辅助工具。

使用辅助工具沿直线切割，之后就会慢慢熟悉切割直线的感觉，从而不需要辅助工具。

日式的手锯朝向内侧拉锯时，下压力用 3 成，拉锯力用 7 成左右，切割会更轻松。

手锯的基本拿持方法，握住手柄前端 1/3 位置。用自己熟练的手握住手柄的基本拿持方法。

切割具有一定厚度的材料时，双手握住手柄。如图片所示，熟练手握在后侧。

手锯的基本拉锯方法

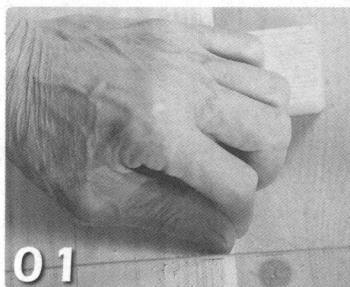

01 以墨线为标准，大拇指的指甲贴近切割开始部分，手锯对齐此处。

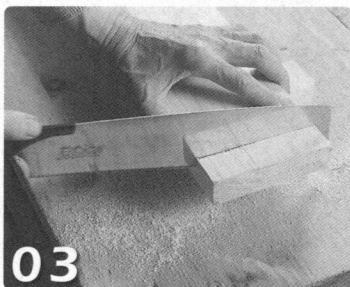

02 前后轻轻拉锯，对应切割路线。充分注意刀刃不能倾斜。

03 确定切割路线，使用手锯刀刃的全长，压力 3 成、拉锯力 7 成进行切割。

04 接近切割结束位置，为了防止材料切割裂口，将手锯的手柄下压。

手锯导架辅助切割

2 片圆盘将手锯的刀刃夹住，防止其左右倾斜的辅助工具。使用这种工具，初学者也能轻松完成直线切割。

设定完成手锯导架的角度，材料的角度切割也能稳定完成。

锯条正确地沿着墨线前进，作业时视线保持朝向锯条运动方向。而且，直线切割或曲线切割都要遵循这个原则。

对应材料安装曲线锯的锯条，并将材料固定紧。曲线锯是锯条上下切割的工具，材料的上下侧应保证有充分的切割空间。

切割时按下曲线锯的开关，确认锯条转动后，再将锯条端部对准墨线开始切割。如果是在锯条对准墨线的状态时打开开关，曲线锯的振动会导致脱手，所以必须启动后再对准墨线切割。

用曲线锯切割时，视线必须持续确认锯条是否对准墨线。此时，视线最好保持在锯条的正上方，确保切割线整齐。

使用曲线锯切割

使用圆锯时，首先，确认锯片和材料呈直角。将方形水平角尺放置于材料表面，抵住锯片进行简单测量。圆锯也有自身带刻度的种类，但是为了保证正确性，还是使用方形水平角尺进行测量。

接着，确定锯片的切割深度。锯片抵住材料，按材料的厚度对应 1 片左右锯片的切割深度。如果锯片出量过深，摩擦面随之增加，从而造成多余的做功。

接着开始正式切割，先接通电源，但是开关不打开。将圆锯前端的墨线导板对齐材料的墨线，圆锯同材料保持水平位置关系，锯片控制在未接触材料的位置。以上状态下将开关打开，锯片转动，沿着墨线进行切割。如果在刀片接触材料的条件下打开开关，圆锯会使材料的锯削飞溅，所以，必须在圆锯转动后再对准墨线切割。

使用圆锯切割

曲线锯开窗的实例

画出开窗的墨线，紧贴墨线内侧用钻头开凿曲线锯的插入孔。根据锯条宽度的不同，钻头一般使用 8 ~ 10mm 的类型。

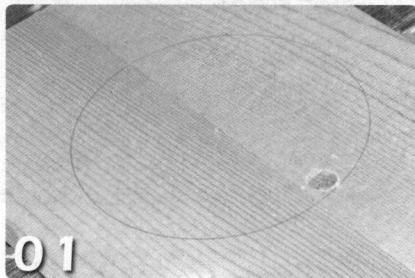
01

将材料固定于充分保证曲线锯切割空间的位置。图中事例为用夹具固定于作业台的一角，从空中插入需要切割的部分。锯条轻轻对准墨线。

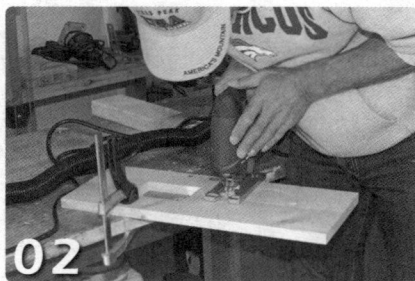
02

视线紧紧盯着墨线和锯条，就可以完成好的开窗效果。切割速度根据刀片的运动状态而定。

03

使用圆锯切割的步骤

拔掉电源，将锯片完全移向外侧，如图所示用方形水平角尺确认确认是否垂直。如果没有垂直，可通过锯片或蝶形螺母进行调节。

01

对应材料的厚度，直接用锯片抵住，以单片左右的锯片切割深度为设定值。

02

这时，接通电源。将圆锯前端的墨线导板对齐材料的墨线，锯片不接触材料。拿紧圆锯的手柄，开关打开，锯片转动后对准墨线切割。

03

切断时，圆锯向前推进，但是不能用力太大，锯片完成切割部分行程即可。按照工具适应的速度推进至关重要。

04

139

组装（黏合、拼接、暗钉、榫接）

木工用黏合剂的使用通常被认为是钉子及螺钉的辅助加固。但是，随着高分子化学的进步，现在的木工用黏合剂如果得到正确使用，能够达到钉子或螺钉等拼接的相同效果，甚至达到超出想象的拼接强度。

普通木工用黏合剂的使用前提是拼接面保持平整，黏合剂均匀轻薄涂抹于一面。接着，将涂抹黏合剂的一面紧密贴合于另一面。拼接面压紧不能移动，可以用夹具等对拼接面整体均匀施加压力。这种状态下，按黏合剂的效果时间持续压紧即可。

使用木工用黏合剂的组装实例

01 黏合剂涂抹于拼接材料的一面。

02 黏合剂均匀轻薄摊开于拼接面。

03 重合另一面，压紧拼接面。实例中木方一端稍稍高出。

04 用夹具压实，溢出的黏合剂用抹布擦拭。

使用木工用黏合剂组装

木工使用的锤子中，两头可用的传统类型使用方便。传统的木工锤，一头是平面，另一头稍稍突出。

锤子打击钉子头部的瞬间，注意锤子的头部和钉子保持同一直线。开始打钉时，轻轻打击使钉子立起之后，再用力打击，最后一击使用凸面，将钉子的头部稍稍埋入。

用钉子拼接组装时，选择板厚3～3.5倍长度的钉子。

稳稳拿住锤子，没有过重感，可以通过手腕力量控制振动的锤子使用更方便，挥动时可

打钉的基础

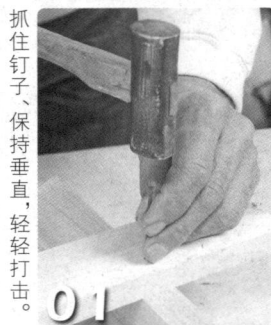

01 抓住钉子、保持垂直，轻轻打击。

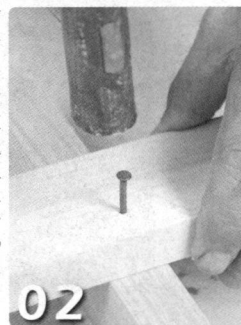

02 钉子立起之后松开手指，用力打击。

03 钉子的头部贴近材料表面，最后一击使用凸面，使钉子的头部稍稍埋入。

使用钉子拼接组装

拼接就是材料的平面之间的简单连接，用钉子或螺钉拼接组装的方法。

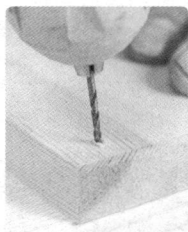

用螺钉拼接组装时，选择板厚 2 倍长度的螺钉。

螺钉的轴向呈螺旋状，通过转动深入材料之中，凭借摩擦力拼接各材料，完成组装的金属物。粗略计算，相同规格的螺钉的拼接力是钉子的 5 倍。木工所使用的螺钉主要是细钉、细长钉、粗牙螺纹钉等，总体比建筑用螺钉细小。

固定螺钉时，将手电钻或冲击钻的钻头换成十字改锥的类型，转动螺钉头部，使其埋入材料中。于是，从前用改锥等"拧入"螺钉就成了用电动工具的"打入"螺钉。

将十字改锥钻头固定于手电钻或冲击钻，将钻头完全插入螺钉的头部沟槽中，打开工具的电源，钻头转动，螺钉随之紧固。

紧固螺钉时保持直线，用一只手向下压住电钻工具的尾部，保持稳定。

使用螺钉拼接

使用螺钉的拼接方法实例

抓住螺钉立起，将十字改锥钻头插入螺钉头部，打开电钻电源，拧紧至螺钉自行立起。

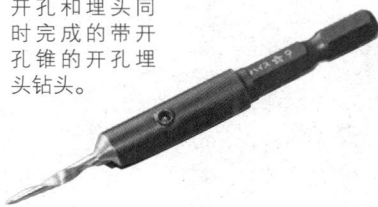

螺钉立起之后，从工具尾部下压，保持稳定及冲力。这样操作，乜可减少螺钉错位。

开下孔后打钉

将螺钉打入坚硬木材或材料端部时，无法承受螺钉的挤压，导致材料开裂的情况较多。为了防止这种问题，需要事先开凿略比螺钉稍细的"下孔"，使螺钉更容易穿入，从而避免材料开裂。普通长 25~50mm 的细长钉、长钉、细钉适合用 2mm 直径钻头开下孔，可确保其穿入。

打螺钉位置用 2mm 直径的钻头开孔。

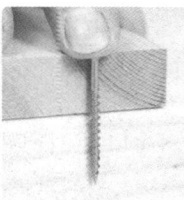

材料部分也不会产生开裂。

需要拼接的材料较厚，螺钉无法穿透时，只能用普通螺钉作业。可按螺钉头的直径凿孔，加工至螺钉满足穿透至拼接材料的深度，这种拼接方式就是"沉孔"。

沉孔拼接

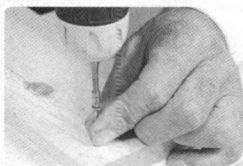

沉孔的深度一定，用胶带缠绕于钻头，标记出钻孔深度。

沉孔的断面实例

制作沉孔，满足拼接深度。

常规打钉，无法满足拼接深度。

螺钉

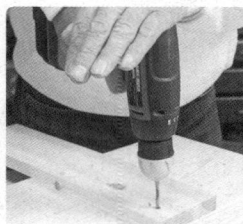

沉孔部分

材料表面的沉孔，也有装饰效果。

使用带下孔锥的开孔埋头钻头打螺钉

开孔埋头是指螺钉头部的三角锥部分。打入螺钉时，这个三角锥部分没有埋入材料中，螺钉的头部同材料平面不对齐。开孔埋头就是事先在材料表面凿出螺钉头部的三角锥部分，可以保证埋钉面平整。钻头的底部带有开孔埋头的刀刃，开孔和埋头一起进行。

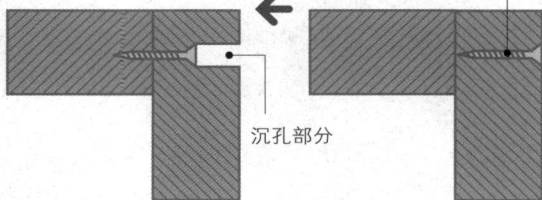

开孔和埋头同时完成的带开孔锥的开孔埋头钻头。

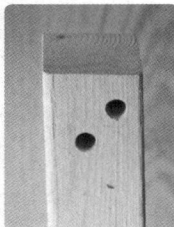

使用带开孔锥的开孔埋头钻头，螺钉的头部和材料表面平整对齐。

使用暗钉组装

将螺钉头部深埋，再用木塞盖住开孔，将螺钉头部隐藏的方法就是"暗钉"。

步骤如下，首先开凿深埋螺钉的开孔，由此将螺钉打入，再用涂抹着黏合剂的木塞盖住开孔。最后，将多余的木塞头部对齐材料表面切割整齐，并用砂纸打磨平滑，就此完成。图中，使用了最常见 8mm 木塞隐藏螺钉头部。

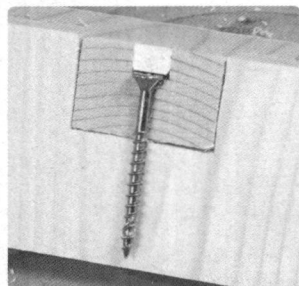

暗钉处理的范例，螺钉打入开孔中，再用木塞隐藏钉头。

使用搭接平整拼接

搭接接头是在交叉相交的材料之间制作的接头，使材料交接位置保持平整。

搭接需要在各材料中切割出同量部分，再组装一起。图中为比较薄的板材，用夹具将 2 片材料固定加工。如果搭接稳定、没有晃动，这个工序就一次性完成。

视线盯住手锯的上方，切割时确认切线的底部。

平面整齐的搭接实例。

暗钉的制作实例

01 开孔时使用沉头钻头，完成直径 8mm、深度 8mm 的标准下孔。如果没有，可使用 8mm 的普通钻头。

02 螺钉埋入下孔中，材料相互结合。

03 将木工用黏合剂注入已埋入的螺钉头部，盖住头部即可。

04 将直径 8mm 的木塞插入下孔，用锤子敲入底部。最后，将溢出的黏合剂擦拭干净。

05 预计黏合剂已完全干固，用手锯将木塞多余的部分切割掉，同材料平面保持一致。

06 用砂纸轻轻打磨，使木塞同材料平面保持一致。

搭接接头的制作步骤实例

01 2 片板材中画上相同尺寸的墨线。此图中，开槽宽度同板材宽度一致。

02 完全对齐 2 片板材的墨线，重合 2 片板材，用夹具固定之后，将一侧墨线切割至底。

03 切割至一侧墨线的底部，另一侧墨线同样切割至底部。

04 槽口左右的切线之间，按 2mm 间隔分别切割至底部，加入切口。

05 用凿子挖出开槽中心的切口部分，开槽底部也用凿子平整，松开夹具后进行组装，随即完成（如图所示）。

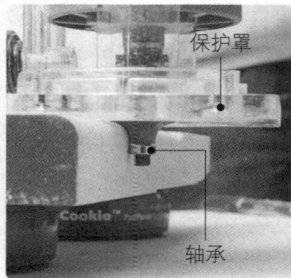
装饰倒角用钻头前端的轴承进行切削,用保护罩确定深度,可保持各装饰倒角的一致性。

通过保护罩的位置调节切削深度。

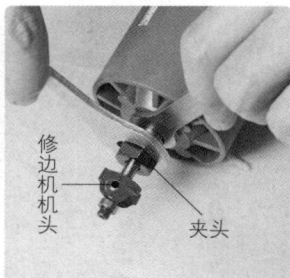
通过松紧修边机的夹头,对机头进行更换。

装饰倒角是将带轴承的倒角机头安装于修边机,在材料的边角位置制作装饰性的倒角的方法。通过制作倒角,既能表现装饰性,又能起到保护作用。

用带轴承的尖角面机头加工装饰倒角的实例

带轴承的尖角面机头

用带轴承的圆角面机头加工装饰倒角的实例

带轴承的圆角面机头

从修边机专用的带轴承的倒角机头中,选择喜欢的型号安装于修边机,用保护罩确定切削深度,打开电源。确认修边机运转状态,沿着材料的边角部分推进即可,轻松完成装饰倒角。

倒角的效果除了装饰,还能起到保护作品。此外,用小刨子也能制作简单的倒角。

将所用的小刨子放入手心,用刀刃宽度 40mm 左右的小刨子,可以切削出宽度 1~3mm 的倒角。同修边机加工的装饰倒角不一样,小刨子制作的倒角适合任何款式的作品。

在材料中开一定长度的槽口时,将平机头及平导架安装于修边机,进行加工。通常情况下,切削的宽度和深度一致。修边机附带的平机头的直径为 6mm,如有其他尺寸需求,可选购使用。

切削宽度由安装于本体得到平导架的位置确定,切削深度由保护罩至机头的距离确定。

切削尺寸确定完成之后,打开修边机的电源,平导架的面对齐材料的面,进行开槽加工,就能完成一致性的槽口。

将小刨子放入手心,如图所示。图中小刨子的刀刃宽度为 40mm 左右,正在对木方的边角制作倒角。

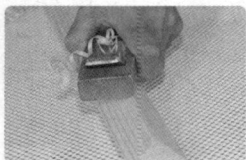
木方的边角部分制作倒角。取材、组装之前制作倒角的效果更佳。

边角及前端完成倒角的木方。经此简单加工,提升成品档次。

开槽的制作实例

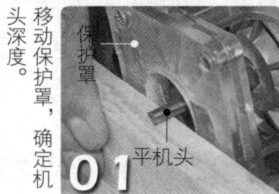
移动保护罩,确定机头深度。 **01** 平机头

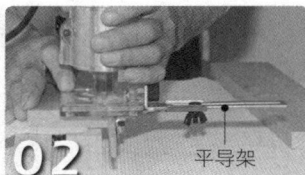
03 平机头 平导架
用平导架确定切削宽度,用保护罩确定切削深度。正在切削材料的状态。

02 平导架
平导架确定切削宽度之后,材料对齐平导架进行加工。

长尺寸的槽口也能整齐、迅速加工完成。 **04**

木工作品的涂装

提升简单木工的成品效果的

固定直尺，用手压紧。直角尺利用一边固定，能有效压紧。画墨线时，视角尽量从正上方看。

塑胶手套和纱布

涂装时，最好使用图片中的塑胶手套和纱布（干净的棉布头）。

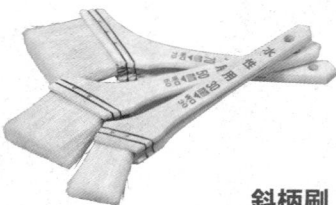

斜柄刷

边角至面均使用方便的涂装刷。图片中，刷子的宽度分别为70mm、50mm、30mm。

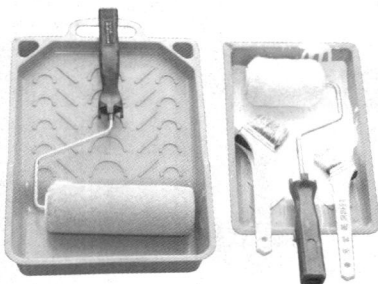

滚刷和专用托盘

大面积的涂装使用滚刷更合适，如图所示。斜柄刷适合边角及细微之处，滚刷则能快速轻松完成大面积的涂装。而且，还有滚刷专用的托盘。

涂料杯

将涂料分成小份，方便移动涂装或轻薄涂装的小杯或小罐，如图所示。

涂装工具就是刷子。刷子的种类很多，但是本书中所有涂装作品均使用斜柄刷。斜柄刷的灵活性好、使用方便。准备宽度30mm、50mm、70mm一套，就能轻松完成涂装工具。

使用纱布（棉布头）和塑胶手套的组合也很方便。用戴上塑胶手套的手拿起吸收着油漆的纱布，在作品表面涂抹。这是一种比刷子更直接的涂装方法，初学者也能轻松掌握，几乎不会失误。

书架侧面等较大面积的涂装，适合使用滚刷。滚刷常用于墙面粉刷，家具等涂装可使用短小的滚刷。

如果搭配方便涂料携带的小杯或小罐，就能在作品周围移动粉刷。而且，只要0.5~0.8升容量即可。

水性涂料是通过水溶解的颜料或染料。

水性涂料基本没有气味，而且涂装工具只用自来水就能清洗干净。

涂料及工具的处理、保存比较简单，适合初学者使用。而且，随着VCO排放法规（挥发性有机化合物排放法规）的执行，水性涂料的性能越发提升，成为主流涂料。

油性涂料是通过稀释剂等有机溶剂溶解的颜料或染料。其油性独特的质感、光泽度、平滑度，受到市场的广泛青睐。但是，这种涂料有强烈的稀释剂气味，从涂装至干燥，作业人员都在这种有机溶剂混杂的空气环境中作业。所以，作业人员需要注意确保换气。而且，使用过的工具需要使用专用稀释剂进行清洗。

专用稀释剂

各个厂家的油性涂料都会配有专用的稀释剂。用于稀释涂料或清洗工具。

油性涂料实例

通过溶剂（稀释剂）溶解颜色的油性涂料，需要注意保持使用的环境的通风、透气的状态。

水性涂料实例

水性涂料也分为实色（右）和透明色等。

室内木器涂料和
室外木器涂料

实色和透明色

木工使用的涂料因特性的不同，可分为几类。室内木器和室外木器也是分类的一种。除了基本的室内木器涂料的性质，室外木器涂料还能应对阳光直射造成褪色、风雨造成风化及腐蚀等问题，对木器进行保护。近年来，还研发出室内外都可使用的多功能涂料。

如果按涂装效果区分涂料，分类为实色和透明色，选择更方便。

实色涂料遮挡住木纹，涂装面只能看到涂料的实色。透明色涂料是一种上色后仍然能看清木纹的涂料。

所以，涂相同的白色，实色涂料则看不见木纹，透明色涂料则仍然能看清木料中的年轮、木纹等。

此外，同油性透明色涂料效果相似的涂料还有普通油性涂料。通过油溶解颜料及染料的涂料，油性渗透入木料中，能够表现出高档次的涂装效果。油性涂料除了使用于木工作品，还应用于室内的地面及墙壁等。

透明色和实色的涂料实例

水性透明色涂料的实例。室内外都能使用的类型。

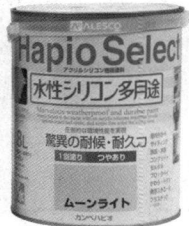

水性实色涂料的实例。多功能，室内外都能使用。

研磨

用砂纸包住木方，就是自创的打磨石。

2 次涂装的方法

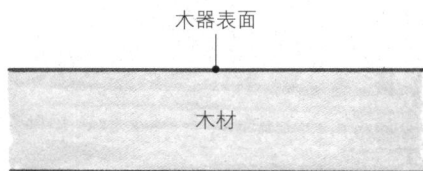

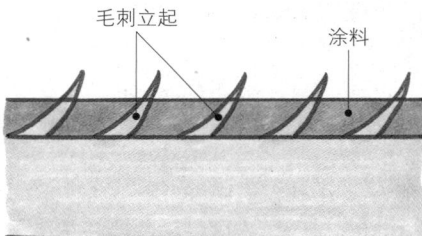

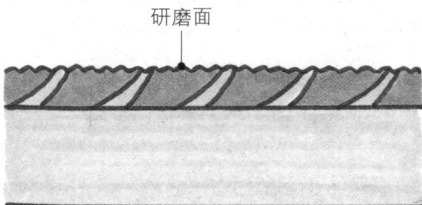

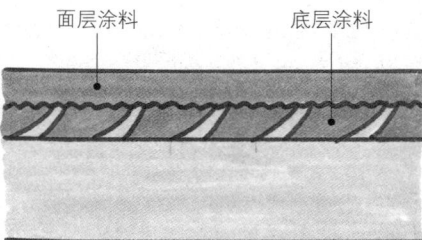

木器表面

木材

1 表面打磨
用锉刀或砂轮（220号）打磨，使木料表面为平滑状态。

毛刺立起　　涂料

2 底层涂料
这步涂装时，通过涂料中包含的湿气，使木料表面的毛刺立起。因此，即使这层涂料干固后，表面仍然有毛刺感。

研磨面

3 二次打磨
待底层涂料完全干固后，用400号砂纸打磨表面的毛刺，使涂装表面平滑。这时涂装表面会形成雾状的白色打磨粉体，可以用纱布将其擦净。

面层涂料　　底层涂料

4 面层涂料
在打磨完成的涂层上方再次涂装。通过2次涂装，涂料将打磨痕迹掩埋，表面因张力显得平滑。涂料干固之前，请勿触碰。应放置于少尘的洁净场所，待其干燥。

本书为日本著名木工杂志的精选集，由木工专家精心挑选100例最适合家庭使用的木工制品，各种尺寸、各种用途的木制品，总有自己喜欢的款式，为了让初学木工的读者轻松开始，本书所有作品实例都有详细的图纸和取材表，各部位的尺寸标注清晰，并有制作的顺序说明，零基础的木工初学者也可轻松学会。

　　本书作品大部分都适合新手以及初中级的木工爱好者参考，此外，也包含有适合中高水平木工爱好者的进阶作品，需要运用到各种木工技巧，这些木工技巧在本书有详细的图解教程。如果你想改变尺寸或形状，也有多达100款的实例可供激发创意，快来动手开始自己梦想的休闲时光吧！

图书在版编目（CIP）数据

超简单木工家具100例/[日]学研出版社编著；韩慧英，陈新平译.
—北京：化学工业出版社，2014.7（2025.8重印）
ISBN 978-7-122-20168-3

Ⅰ.①超… Ⅱ.①学… ②韩… ③陈… Ⅲ.①木家具
-制作 Ⅳ.①TS664.1

中国版本图书馆CIP数据核字（2014）第055821号

Hozonban　Kantan mokkou sakurei 100
Copyright © Gakken Publishing 2011
First published in Japan 2011 by Gakken Publishing Co.,Ltd.,Tokyo
Chinese Simplified Character translation rights arranged with
Gakken Publishing Co.,Ltd.through Shinwon Agency Co. in Korea

本书中文简体字版由日本学研株式会社授权化学工业出版社独家出版发行。
未经许可，不得以任何方式复制或抄袭本书的任何部分，违者必究。

北京市版权局著作权合同登记号：01-2013-1009

责任编辑：高　雅	装帧设计：尹琳琳
责任校对：陈　静	

出版发行：化学工业出版社（北京市东城区青年湖南街13号　邮政编码100011）
印　　装：河北京平诚乾印刷有限公司
880mm×1092mm　1/16　印张 9　字数 316 千字　2025年8月北京第1版第5次印刷

购书咨询：010-64518888　　　　售后服务：010-64518899
网　　址：http://www.cip.com.cn
凡购买本书，如有缺损质量问题，本社销售中心负责调换。

定　　价：58.00元　　　　　　　　　　　　　　　　版权所有　违者必究